对地观测卫星任务规划与调度技术

Task Planning and Scheduling Technology for Earth Observation Satellite

陈 浩 李 军 杜 春 彭 双 著

国防工业出版社

·北京·

图书在版编目（CIP）数据

对地观测卫星任务规划与调度技术/陈浩等著. —北京：国防工业出版社，2021.9
 ISBN 978 – 7 – 118 – 12394 – 4

Ⅰ.①对… Ⅱ.①陈… Ⅲ.①测地卫星—研究 Ⅳ.①V474.2

中国版本图书馆 CIP 数据核字（2021）第 130272 号

※

国防工业出版社出版发行

（北京市海淀区紫竹院南路 23 号　邮政编码 100048）
北京龙世杰印刷有限公司印刷
新华书店经售

*

开本 710×1000　1/16　印张 12½　字数 210 千字
2021 年 9 月第 1 版第 1 次印刷　印数 1—2000 册　定价 95.00 元

（本书如有印装错误，我社负责调换）

| 国防书店：(010)88540777 | 书店传真：(010)88540776 |
| 发行业务：(010)88540717 | 发行传真：(010)88540762 |

致 读 者

本书由中央军委装备发展部**国防科技图书出版基金**资助出版。

为了促进国防科技和武器装备发展，加强社会主义物质文明和精神文明建设，培养优秀科技人才，确保国防科技优秀图书的出版，原国防科工委于1988年初决定每年拨出专款，设立国防科技图书出版基金，成立评审委员会，扶持、审定出版国防科技优秀图书。这是一项具有深远意义的创举。

国防科技图书出版基金资助的对象是：

1. 在国防科学技术领域中，学术水平高，内容有创见，在学科上居领先地位的基础科学理论图书；在工程技术理论方面有突破的应用科学专著。

2. 学术思想新颖，内容具体、实用，对国防科技和武器装备发展具有较大推动作用的专著；密切结合国防现代化和武器装备现代化需要的高新技术内容的专著。

3. 有重要发展前景和有重大开拓使用价值，密切结合国防现代化和武器装备现代化需要的新工艺、新材料内容的专著。

4. 填补目前我国科技领域空白并具有军事应用前景的薄弱学科和边缘学科的科技图书。

国防科技图书出版基金评审委员会在中央军委装备发展部的领导下开展工作，负责掌握出版基金的使用方向，评审受理的图书选题，决定资助的图书选题和资助金额，以及决定中断或取消资助等。经评审给予资助的图书，由中央军委装备发展部国防工业出版社出版发行。

国防科技和武器装备发展已经取得了举世瞩目的成就，国防科技图书承担着记载和弘扬这些成就，积累和传播科技知识的使命。开展好评审工作，使有限的基金发挥出巨大的效能，需要不断摸索、认真总结和及时改进，更需要国防科技和武器装备建设战线广大科技工作者、专家、教授，以及社会各界朋友的热情支持。

让我们携起手来，为祖国昌盛、科技腾飞、出版繁荣而共同奋斗！

国防科技图书出版基金

评审委员会

国防科技图书出版基金
2020 年度评审委员会组成人员

主 任 委 员　吴有生

副主任委员　郝　刚

秘 书 长　　郝　刚

副秘书长　　刘　华

委　　员　（按姓氏笔画排序）

于登云　王清贤　甘晓华　邢海鹰　巩水利

刘　宏　孙秀冬　芮筱亭　杨　伟　杨德森

吴宏鑫　肖志力　初军田　张良培　陆　军

陈小前　赵万生　赵凤起　郭志强　唐志共

康　锐　韩祖南　魏炳波

前言
PREFACE

从1957年苏联发射第一颗人造地球卫星,到21世纪上半叶,航天技术经过数十年的发展取得了长足进步,已由技术试验阶段逐步走向成熟。对地观测卫星作为航天器家族中最为重要的类别之一,主要利用星载传感器对地球表面和低层大气进行观测以获取有关信息,其具有覆盖区域广、持续时间长、不受空域国界限制、不涉及人员安全等独特优势。目前,对地观测卫星在军事侦察、灾害防治、环境保护、国土测绘、城市规划以及农业、气象等许多领域发挥了重要作用。

卫星任务规划技术在提升对地观测卫星信息获取能力与效率上起着关键作用。随着我国航天事业的高速发展,对地观测卫星数量逐渐增多,种类日益丰富,卫星平台、载荷能力与复杂度均大幅提升,但依旧难以满足各部门日益增加的多样化对地观测需求。如何高效合理地制定卫星对地观测方案,充分利用卫星对地观测能力,从而提升对地观测系统整体效益,是航天领域中亟待解决的关键问题。

全书共三部分,分为8章。第一部分为第1章和第2章,综述对地观测卫星任务规划的关键技术和研究现状,分析对地观测卫星系统中各个要素对规划调度带来的挑战;第二部分为各种典型的卫星任务规划模型和方法,包括第3章~第6章,分别介绍确定性条件下的卫星集中式任务规划模型与算法、动态场景下的卫星任务重调度方法、卫星任务分布式调度模型及算法以及卫星星上自主任务规划模型及算法;第三部分包括第7章和第8章,以实际应用视角介绍典型卫星任务规划系统的体系架构、主要功能与人机交互接口,并展望未来技术趋势。

本书的出版得到国防科技图书出版基金的资助,本书涉及的相关技术研究工作得到国家自然科学基金"多卫星成像调度的约束满足模型与优化算法研究"(项目编号:60604035)、"适应动态拓扑结构的卫星协同任务规划技术研究"(项目编号:61174159)、"自治对地观测卫星星地协同规划模型及方法研究"(项目编号:61101184)、"面向高维复杂数据的流形学习算法与应用研究"(项目编号:61806211)、湖南省自然科学基金"热点区域对地观测卫星群星地协同自主任务规划方法"(项目编号:2020JJ4103)等项目的支持。

本书结合了张帆博士、王钧博士、靳肖闪博士、郭玉华博士、陈浩博士、王冲博士、李军博士、杨剑博士、李龙梅博士、彭双博士、周毅荣博士、刘晓娣硕士、杜莹硕士、张弛硕士、袁波硕士、经飞硕士、陈恺硕士、刘浩硕士、祝周鹏硕士、冯棚硕士、王辰硕士、王凌峰硕士、杨舒硕士学位论文的相关研究成果。本书撰写工作分工为:陈浩、李军审定本书内容;陈浩、彭双、杜春、李军负责第1章;陈浩负责第2章;陈浩、杜春负责第3章;杜春、陈浩负责第4章;彭双负责第5章;彭双、陈浩负责第6章;陈浩、彭双负责第7章、第8章。陈浩、李军负责本书的组织、统稿和审校工作。孙刚硕士参与本书部分插图的绘制与全文校对工作,罗棕硕士参与本书全文校对工作。本书编写工作还得到了课题组景宁教授、陈荦教授、熊伟副教授、钟志农教授等的大力支持。

在本书编写过程中,还参阅了部分国内外相关文献资料,在此一并表示感谢。

由于水平有限,书中难免有错误和不妥之处,恳请广大读者批评指正。

著者

2021年1月 于湖南长沙德雅村

目 录

CONTENT

第1章 绪论 ·· 1

  1.1 对地观测卫星任务规划 ·· 1

     1.1.1 概述 ··· 1

     1.1.2 理论意义与应用价值 ·· 3

  1.2 对地观测卫星任务规划问题研究现状 ·· 4

     1.2.1 地面集中式卫星任务规划 ·· 4

     1.2.2 卫星任务动态重调度 ·· 9

     1.2.3 分布式卫星任务规划 ··· 12

     1.2.4 星上自主任务规划 ·· 13

     1.2.5 数传资源规划 ··· 18

第2章 卫星任务规划问题描述及分析 ·· 20

  2.1 对地观测卫星运行过程分析 ··· 20

     2.1.1 卫星对地观测过程 ·· 20

     2.1.2 卫星数传过程 ··· 24

  2.2 对地观测卫星任务规划问题描述 ··· 26

     2.2.1 对地观测任务要素 ·· 26

     2.2.2 卫星资源要素 ··· 27

     2.2.3 数传资源要素 ··· 30

     2.2.4 优化目标要素 ··· 31

  2.3 对地观测卫星任务规划中的难点与面临的挑战 ··· 32

     2.3.1 过载规划特性 ··· 32

     2.3.2 资源非完全可替代特性 ··· 32

     2.3.3 不同类别、不同能力卫星统一规划调度 ···································· 33

2.3.4　对地观测需求类型多样 ·· 33
2.3.5　数传模式多样性 ·· 33
2.3.6　存储器占用和释放 ·· 34
2.3.7　调度过程中包含不确定性因素 ·································· 35
2.3.8　优化目标复杂特性 ·· 36

第3章　地面集中式卫星任务规划模型与方法 ······························· 37

3.1　问题描述与分析 ·· 37
　　3.1.1　地面集中式卫星任务规划问题 ·································· 37
　　3.1.2　问题调度策略分析 ·· 39
3.2　基于递进式优化策略的集中式卫星任务规划方法 ·························· 40
　　3.2.1　集中式对地观测任务规划方法 ·································· 40
　　3.2.2　面向任务的数传资源调度方法 ·································· 50
　　3.2.3　两阶段规划结果递进式迭代修复机制 ···························· 56
3.3　基于整体优化策略的集中式卫星任务规划方法 ···························· 57
　　3.3.1　基于整体优化策略的卫星任务规划模型建立 ······················ 58
　　3.3.2　基于整体优化策略的卫星任务规划算法 ·························· 58
3.4　面向复杂观测任务的卫星资源规划方法 ·································· 61
　　3.4.1　面向区域目标的任务规划方法 ·································· 62
　　3.4.2　面向洋面移动目标的任务规划方法 ······························ 68
3.5　学习型卫星任务规划方法 ·· 75
　　3.5.1　案例特征表达与提取 ·· 77
　　3.5.2　卫星任务规划案例检索与匹配 ·································· 77
　　3.5.3　卫星任务规划案例修正 ·· 80
　　3.5.4　基于案例的卫星观测任务规划算法 ······························ 80

第4章　面向动态要素的卫星对地观测任务重调度方法 ······················· 84

4.1　问题描述与分析 ·· 84
　　4.1.1　动态要素的分类与分析 ·· 84
　　4.1.2　问题建模 ·· 85
　　4.1.3　动态要素之间的映射 ·· 88
4.2　基于启发式策略的卫星资源动态重调度方法 ······························ 89

    4.2.1　启发式动态重调度的驱动策略 ……………………………… 89
    4.2.2　启发式动态重调度的一般性方法 …………………………… 90
    4.2.3　启发式动态重调度新任务插入的具体规则 ………………… 92
  4.3　基于智能优化算子的卫星资源动态重调度方法 ………………… 97
    4.3.1　基于 SWO 的动态重调度方法 ……………………………… 97
    4.3.2　基于演化计算的动态重调度方法 …………………………… 101

第 5 章　分布式卫星任务规划模型与方法 …………………………………… 104

  5.1　问题描述与分析 …………………………………………………… 104
    5.1.1　分布式卫星任务规划问题的提出 …………………………… 104
    5.1.2　Agent 与 Multi – Agent 系统 ………………………………… 106
  5.2　基于 Multi – Agent 系统的分布式卫星任务规划模型 …………… 108
    5.2.1　Multi – Agent 系统社会角色分析 …………………………… 108
    5.2.2　卫星 Agent 模型构建 ………………………………………… 110
  5.3　基于 Multi – Agent 系统的分布式卫星任务规划方法 …………… 112
    5.3.1　基于合同网协议的分布式卫星任务规划方法 ……………… 112
    5.3.2　基于黑板模型和演化计算的卫星分布式任务规划方法 … 120

第 6 章　对地观测卫星星上自主任务规划模型与方法 …………………… 124

  6.1　卫星星上自主任务规划过程与分析 ……………………………… 124
    6.1.1　卫星自主任务规划过程 ……………………………………… 126
    6.1.2　卫星自主任务规划特点与难点分析 ………………………… 126
  6.2　基于路径搜索的卫星对地观测任务星上自主规划方法 ………… 128
    6.2.1　滚动优化策略 ………………………………………………… 128
    6.2.2　有向无环图模型 ……………………………………………… 129
    6.2.3　基于图路径标记更新的精确搜索算法 ……………………… 132
    6.2.4　标记更新近似搜索算法 ……………………………………… 136
  6.3　基于机器学习的卫星任务星上自主决策方法 …………………… 140
    6.3.1　卫星对地观测任务序贯决策模型 …………………………… 140
    6.3.2　观测任务星上自主决策特征要素分析 ……………………… 142
    6.3.3　基于集成学习的卫星对地观测任务序贯决策方法 ……… 144
    6.3.4　基于深度神经网络的卫星对地观测任务序贯决策方法 … 146

第7章 卫星任务规划系统 ··· 153
7.1 典型卫星任务规划系统及工具 ··· 153
7.1.1 ASPEN/CASPER ··· 153
7.1.2 STK ··· 154
7.2 分布式卫星任务规划系统 ··· 156
7.2.1 系统架构设计 ··· 156
7.2.2 人机交互接口设计与展示 ··· 160

第8章 总结与展望 ··· 165
8.1 总结 ··· 165
8.2 未来的技术趋势 ··· 166
8.2.1 基于偏好多目标优化的卫星任务规划方法 ··· 166
8.2.2 多星星上自主协同任务规划方法 ··· 167
8.2.3 异构空天多传感器协同的任务规划 ··· 167
8.2.4 对地观测任务可调度性预测 ··· 168

参考文献 ··· 170

CONTENTS

Chapter 1 introduction 1

  1.1 Background and significance of EOS task scheduling 1
      1.1.1 Background of the problem 1
      1.1.2 Significance of the research 3
  1.2 Research status of EOS task scheduling 4
      1.2.1 Centralized EOS task scheduling 4
      1.2.2 EOS task rescheduling for dynamic scenarios 9
      1.2.3 Distributed EOS task scheduling 12
      1.2.4 EOS onboard autonomous task scheduling 13
      1.2.5 Research status of satellite range scheduling 18

Chapter 2 Problem description and analysis of EOS task scheduling 20

  2.1 Operation process of EOS 20
      2.1.1 The observation process of EOS 20
      2.1.2 the process of EOS data downlink transmission 24
  2.2 Problem description of EOS task scheduling 26
      2.2.1 Elements of earth observation task 26
      2.2.2 Satellite resources 27
      2.2.3 Data transmission resources 30
      2.2.4 Optimization objectives 31
  2.3 Challenges in EOS task scheduling 32
      2.3.1 Oversubscribed Problem 32
      2.3.2 Partly replaceable resource 32
      2.3.3 Scheduling for heterogenous satellite resources 33
      2.3.4 Various types of earth observation demands 33

  2.3.5 Diversity of data transmission modes ········· 33
  2.3.6 Onboard memory occupancy and release ········· 34
  2.3.7 uncertain factors in scheduling ········· 35
  2.3.8 Complicated optimization objectives ········· 36

Chapter 3 Model and method of ground centralized EOS task scheduling ········· 37

 3.1 Problem description and analysis ········· 37
  3.1.1 Centralized EOS task scheduling problem ········· 37
  3.1.2 Scheduling strategy analysis ········· 39
 3.2 Centralized EOS task scheduling method based on progressive optimization strategy ········· 40
  3.2.1 Centralized scheduling for EOS observation task ········· 40
  3.2.2 Observation task – oriented satellite data downlink resources scheduling ········· 50
  3.2.3 Progressive iterative repair mechanism ········· 56
 3.3 Centralized EOS task scheduling method based on global optimization strategy ········· 57
  3.3.1 EOS scheduling model based on global optimization strategy ········· 58
  3.3.2 Earth observation satellites scheduling algorithm with data downlink ········· 58
 3.4 EOS scheduling for complicated observation task ········· 61
  3.4.1 EOS task scheduling for area target ········· 62
  3.4.2 EOS task scheduling for ocean moving target ········· 68
 3.5 Learnable EOS task scheduling ········· 75
  3.5.1 Case representation and feature extraction ········· 77
  3.5.2 Satellite observation plan case retrieval and matching ········· 77
  3.5.3 Satellite observation plan case revision ········· 80
  3.5.4 EOS Task scheduling based on case – based learning ········· 80

Chapter 4 EOS Task rescheduling for dynamic factors ········· 84

 4.1 Problem description and analysis ········· 84

    4.1.1 Classification and analysis for dynamic factors 84
    4.1.2 Problem modeling 85
    4.1.3 Mapping between dynamic factors 88
  4.2 EOS task rescheduling based on heuristic strategy 89
    4.2.1 Driving strategy of heuristic dynamic rescheduling 89
    4.2.2 A general method of heuristic dynamic rescheduling 90
    4.2.3 Rules of heuristic rescheduling for new task insertion 92
  4.3 EOS task rescheduling based on Intelligent optimization
    operator 97
    4.3.1 EOS task rescheduling based on SWO 97
    4.3.2 EOS task rescheduling based on evolutionary
      computation 101

Chapter 5 Model and method of ground distributed EOS task scheduling 104

  5.1 Problem description and analysis 104
    5.1.1 The problem of distributed EOS task scheduling 104
    5.1.2 Agent and multi-agent system 106
  5.2 Distributed EOS task scheduling model based on
    multi-agent system 108
    5.2.1 Social role analysis in satellite multi-agent system 108
    5.2.2 EOS agent model 110
  5.3 Distributed EOS task scheduling method based on
    multi-agent system 112
    5.3.1 Distributed EOS task scheduling based on contract
      net protocol 112
    5.3.2 Distributed EOS task scheduling based on
      blackboard model and evolutionary computation 120

Chapter 6 Model and method of EOS onboard autonomous task scheduling 124

  6.1 Analysis of EOS onboard autonomous task scheduling 124

    6.1.1 The process of EOS onboard autonomous task scheduling ⋯ 126

    6.1.2 Challenges of EOS autonomous task scheduling ⋯⋯⋯⋯ 126

  6.2 EOS autonomous task scheduling based on graph path searching ⋯ 128

    6.2.1 Rolling optimization strategy ⋯⋯⋯⋯⋯⋯⋯⋯⋯⋯⋯⋯⋯⋯ 128

    6.2.2 Directed acyclic graph model ⋯⋯⋯⋯⋯⋯⋯⋯⋯⋯⋯⋯⋯ 129

    6.2.3 Exact search algorithm based on path label updating ⋯⋯⋯ 132

    6.2.4 Approximate search algorithm based on path label updating ⋯⋯⋯⋯⋯⋯⋯⋯⋯⋯⋯⋯⋯⋯⋯⋯⋯⋯⋯⋯⋯⋯⋯⋯⋯⋯ 136

  6.3 EOS task onboard autonomous scheduling based on machine learning ⋯⋯⋯⋯⋯⋯⋯⋯⋯⋯⋯⋯⋯⋯⋯⋯⋯⋯⋯⋯⋯⋯⋯⋯⋯⋯⋯⋯ 140

    6.3.1 Sequential decision model for EOS task ⋯⋯⋯⋯⋯⋯⋯ 140

    6.3.2 Analysis of the features of EOS task onboard autonomous scheduling ⋯⋯⋯⋯⋯⋯⋯⋯⋯⋯⋯⋯⋯⋯⋯⋯⋯⋯⋯ 142

    6.3.3 EOS task sequential decision method based on ensemble learning ⋯⋯⋯⋯⋯⋯⋯⋯⋯⋯⋯⋯⋯⋯⋯⋯⋯⋯⋯⋯⋯ 144

    6.3.4 EOS task sequential decision method based on deep neural network ⋯⋯⋯⋯⋯⋯⋯⋯⋯⋯⋯⋯⋯⋯⋯⋯⋯⋯⋯⋯⋯⋯ 146

Chapter 7 Satellite task scheduling system ⋯⋯⋯⋯⋯⋯⋯⋯⋯⋯⋯⋯ 153

  7.1 Typical satellite task scheduling systems and tools ⋯⋯⋯⋯⋯⋯⋯ 153

    7.1.1 ASPEN/CASPER ⋯⋯⋯⋯⋯⋯⋯⋯⋯⋯⋯⋯⋯⋯⋯⋯⋯⋯⋯ 153

    7.1.2 STK ⋯⋯⋯⋯⋯⋯⋯⋯⋯⋯⋯⋯⋯⋯⋯⋯⋯⋯⋯⋯⋯⋯⋯⋯ 154

  7.2 Distributed satellite task scheduling system ⋯⋯⋯⋯⋯⋯⋯⋯⋯⋯ 156

    7.2.1 System architecture design ⋯⋯⋯⋯⋯⋯⋯⋯⋯⋯⋯⋯⋯⋯ 156

    7.2.2 User interface design and display ⋯⋯⋯⋯⋯⋯⋯⋯⋯⋯ 160

Chapter 8 Summary and Prospect ⋯⋯⋯⋯⋯⋯⋯⋯⋯⋯⋯⋯⋯⋯⋯⋯ 165

  8.1 Summary ⋯⋯⋯⋯⋯⋯⋯⋯⋯⋯⋯⋯⋯⋯⋯⋯⋯⋯⋯⋯⋯⋯⋯⋯⋯ 165

  8.2 Future promising technologies ⋯⋯⋯⋯⋯⋯⋯⋯⋯⋯⋯⋯⋯⋯⋯⋯ 166

    8.2.1 Preference – based multi – objective optimization algorithms for EOS task scheduling ⋯⋯⋯⋯⋯⋯⋯⋯⋯ 166

    8.2.2 Multi – satellite onboard autonomous cooperative

     task scheduling ································· 167
  8.2.3 Observation task cooperative scheduling for
     heterogeneous space – aeronautics sensors ·············· 167
  8.2.4 Schedulability prediction for earth observation tasks ········ 168

Reference ··· 170

第1章 绪 论

1.1 对地观测卫星任务规划

20世纪是人类历史变革和进步最为巨大的时代,人类第一次走出赖以生存了几十万年的地球,进入了伟大的"太空时代"。从1957年苏联发射第一颗人造地球卫星到21世纪上半叶,航天技术经过数十年的发展已取得长足进步,已由技术试验阶段逐步走向成熟。航天器的技术水平越来越高,应用领域也扩展到科学、经济、军事等众多方面。

对地观测卫星作为航天器家族中最为重要的类别之一,利用其星载传感器对地球表面和低层大气进行探测以获取相关信息,具有覆盖区域广、持续时间长、不受空域国界限制、不涉及人员安全等独特优势。目前,对地观测卫星在军事侦察、灾害防治、环境保护、国土测绘、城市规划,以及农业、气象等许多领域都发挥了重要作用。对地观测卫星按传感器可以分为可见光、红外、多光谱、高光谱、超广谱、合成孔径雷达(Synthetic Aperture Radar,SAR)、地表电磁探测等多种类型。对地观测卫星系统相关技术得到了美国、俄罗斯、中国、法国、德国等航天大国的高度重视,取得了长足的发展。随着我国"高分辨率对地观测系统""载人航天与探月工程"等重大专项的开展,我国航天事业步入了快速发展期。作为对地观测卫星系统的核心技术,对地观测卫星任务规划受到了越来越多的关注。

1.1.1 概述

对地观测卫星按特定轨道绕地球运行,可以根据需求对不同的地面目标实施观测,所获得的遥感影像数据以实时回传或事后回放的方式通过无线电传输至地面接收站,然后由地面数据处理中心对这些影像数据进行加工处理和判读识别,从中获取各种有价值的信息。

在实际应用中,卫星实施对地观测的大致流程:首先由用户提出对地观测需求,对地观测卫星地面运行控制中心(简称运控中心)经过解析计算后生成对地观测任务,根据对地观测任务属性信息、卫星属性信息(卫星轨道预报、卫星有效载荷状态等)和相关约束条件(能量约束、侧视角约束、太阳高度角约束、云量约束、传感器开关机时间约束、侧视次数约束、星载存储器容量约束等)进行对地观测卫星任务规划,形成卫星对地观测方案;其次依据卫星对地观测方案生成卫星平台及载荷控制指令,并经由地面测控设备将载荷指令上注到对地观测卫星,由对地观测卫星按指令执行观测与数传动作,卫星获得遥感影像数据后,将按指令下传到地面接收站(简称地面站),再由其他地面应用系统进行处理,将数据产品发送给用户,如图 1-1 所示。

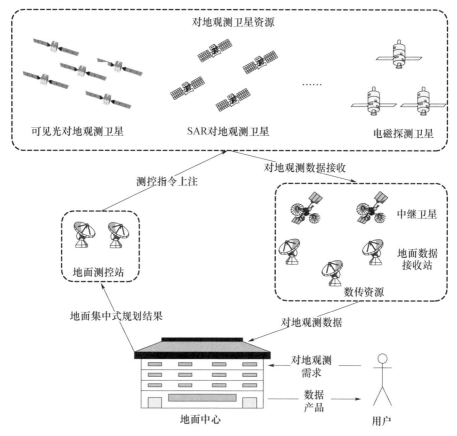

图 1-1 对地观测卫星典型运行控制流程示意图

从图 1-1 可以看出,卫星任务规划在整个对地观测卫星运行控制过程中起着关键作用,其结果直接影响对地观测卫星任务的执行效果。

在对地观测卫星技术发展之初,由于卫星载荷能力有限,对地观测任务相对较少,其观测时间和观测角度都相对固定,因此卫星运行控制相对简单。随着航天技术的飞速发展,对地观测卫星逐步具备了侧视能力,卫星可以通过调整观测载荷的侧视角度选择对地观测任务进行观测。近年来,又出现了具有偏航(Yaw)、侧摆(Roll)、俯仰(Pitch)三轴姿态机动能力的敏捷对地观测卫星,对地观测更加灵活。与此同时,对地观测卫星任务规划不仅需要考虑更复杂的卫星使用约束,还需要在更大的决策空间中搜索问题解。此外,卫星遥感影像数据需求也在大幅增加。因此,制定出优化合理的卫星对地观测方案显得极为重要。

优先级是对地观测目标的一个重要属性,优先级越大的目标,其观测数据越重要或者观测需求越紧急,应当优先响应。但对地观测卫星高速运行于近地轨道,受地球曲率影响,每一个待观测的地面目标与卫星仅在部分时间是可视的(这些卫星与地面目标的可视时段称为可视时间窗或观测时间窗),于是每个对地观测任务均受观测时间窗约束的限制。又由于卫星对地观测载荷(简称卫星传感器)在一定时间内姿态调整的能力有限,供卫星资源调整和观测的能量供应有限,卫星星载存储器的容量也有限,导致卫星在执行对地观测任务时受到复杂约束条件的限制。受以上约束条件的限制,卫星很难在一次任务调度时间内对所有地面目标完成观测,其执行的任务仅是总体对地观测任务集合的一个子集,难以响应用户提出的所有对地观测需求。

卫星任务规划就是要在总体卫星观测任务集合中挑选出一个子集,使得综合效益最大化(更多优先级高的目标被观测)的同时,满足所有约束条件。与卫星任务规划相关联的要素包括卫星平台、卫星载荷、对地观测需求、环境与场景等要素。这些要素相互交织与耦合,使得卫星任务规划问题变得异常复杂。

1.1.2 理论意义与应用价值

(1)相关研究表明,卫星任务规划问题是一类典型的 NP – Hard 问题[1]。目前尚没有多项式时间算法能够精确求解,且由于卫星任务规划问题考虑了异构多类别卫星资源、多类型观测需求、多种规划环境与场景等要素而显得更加复杂,因此研究卫星任务规划问题具有重要的理论意义。

(2)现代社会对遥感信息的依赖程度越来越高,对地观测卫星及其相关技术在工业、农业、经济、军事等多个领域发挥着重要的作用。随着卫星对地观测应用的不断发展,以及在轨运行的对地观测卫星数量和类型逐渐增多,用户需求不断增加,表现出复杂多样的特性。这就需要统筹兼顾地安排各类对地观测卫星及相关配套资源,从而最大程度地满足用户需求,提升卫星资源利用率。对地观测卫星资源规划调度作为卫星应用控制领域的关键支撑技术,已经成为航天应用中一个重要的研究方向。研究卫星任务规划问题,能够为工程实践应用提供技术支持,具有较高的实际应用价值。

(3)卫星任务规划问题作为航天应用领域的核心问题之一,受到了越来越多的重视,新的需求与大量专利不断涌现。研究卫星任务规划问题能够带动商业航天相关产业良性可持续发展,拉动内需,促进繁荣,具有较好的社会经济效益。

1.2 对地观测卫星任务规划问题研究现状

1.2.1 地面集中式卫星任务规划

地面集中式卫星任务规划适用于最传统的卫星任务规划场景,由地面中心规划算法集中安排与分配所有卫星的对地观测任务,所有对地观测任务由地面中心规划算法集中安排与分配。通常,地面集中式规划算法部署于卫星运控中心高性能计算集群上,同时考虑所有对地观测需求和所有卫星约束,进行复杂规划计算,为多颗卫星安排合理优化的对地观测方案。目前,该方向的研究成果较多,主要的研究方式为针对特定的卫星规划问题建立模型或将其归约到经典规划问题,然后提出相应算法进行求解。也有部分学者针对区域目标、洋面移动目标等复杂对地观测目标研究卫星任务规划的模型与方法。

1. 建立卫星调度模型

卫星对地观测任务调度涉及计算机科学、运筹学以及人工智能等多个学科,且各国对地观测卫星系统性能指标(控制精度、控制方式及存储特性等)及其工作模式各不相同,不同对地观测卫星之间约束条件区别较大,研究人员从不同角度提出了各自的建模方案,产生了多种类型的任务调度模型,主要分为约束满足问题(Constraint Satisfaction Problem,CSP)模型、基于图论的模型以及针对具体卫星的专用模型等。

1) CSP模型

卫星对地观测过程受各种约束条件的限制,国内外大量研究者通过数学表达式描述各种卫星约束条件及调度目标函数,建立了CSP模型。Lemaitre针对灵巧卫星的任务调度,建立了约束满足问题模型,比较了贪婪算法、动态规划方法、约束传播算法、局部搜索算法的规划结果,得出了小规模情况下动态规划算法计算结果最好的结论[2]。Globus 建立了针对多星调度的约束满足问题模型,考虑了任务需求的优先级以及每颗卫星具有多个遥感设备的约束条件,采用模拟退火算法、遗传算法、随机爬山算法以及迭代采样算法进行求解[3]。Bianchessi[4]针对两个星座分别建立了约束满足问题模型,采用列生成算法、随机贪婪算法及拉格朗日松弛算法进行求解。李菊芳考虑了数据存储和下传的情况,采用约束规划混合建模思想,建立了混合约束规划模型,采用变邻域禁忌搜索和导引式禁忌搜索方法进行求解[5]。王钧研究了全局优化模式下成像卫星综合任务调度问题,建立了约束满足问题模型,并将多目标支配关系引入到模型中,提出了基于 SPEA2 遗传算法框架下的多目标任务调度算法[6]。靳肖闪建立了综合考虑卫星资源和数传资源的约束满足问题模型,提出了基于稳态进化算法和拉格朗日松弛方法的星地资源综合调度方法[7]。孙凯针对多用户管控的敏捷卫星资源调度问题,建立了单目标优化和多目标优化协同进化的机制,提出了多目标联合任务调度的多目标协同进化算法[8]。Wu 等针对合成孔径雷达卫星编队的成像调度问题,同时考虑三个目标函数以满足不同类型目标的需求,提出了基于改进的非支配排序 NSGA-III 的成像调度方法[9]。李龙梅针对敏捷卫星对地观测任务规划问题,设计了基于偏好多目标优化的求解框架,分别提出了基于参考点和目标区域两种偏好的多目标优化算法[10]。

CSP 模型能够较好地描述卫星对地观测过程的相关约束和规划评价准则,引导算法搜索问题优化解。但 CSP 模型针对具体的卫星约束及规划评价准则建立,与卫星调度问题绑定密切,而对地观测卫星之间约束差别通常较大,需要针对不同的对地观测卫星规划调度问题建立不同的 CSP 模型。

2) 基于图论的模型

部分研究者将地面目标映射为图顶点集合,将约束关系映射为边集,建立了基于图论的模型。Gabrel 研究了无环有向图的成像路径表示卫星在多个任务间转换的方式,采用最短路径算法进行求解[11]。张帆对单星调度问题进行分析,建立了卫星对地观测多目标最短路径模型,基于标记更新思想进行求解[12]。

图论模型最大的优点是较为直观地表现了多个对地观测任务之间的时序及冲突关系。但图论模型难以表达多星联合对地观测过程中相关约束及优化准则关系,所以图论模型多用于单星规划调度问题或已分解到单星层面上的多星规划调度问题。

3) 专用模型及系统

为了提高规划效率,某些研究者针对特定型号的对地观测卫星提出了专用的规划调度模型并建立了调度系统。Potter 等研究 Landsat - 7 资源卫星的成像调度问题时,使用"Multi - Pass"建立了调度模型,根据任务的优先级分多个步骤完成调度[13]。Yamaguchi[14]和 Muraoka[15]等研究了装载 ASTER 的 AM - 1 卫星的成像调度方法,基于观测区域的形状和分布,计算备选成像区段的优先级,按照优先级的顺序安排成像任务。Chien[16]和 Rabideau[17]针对美国国家航空航天局(NASA)的多颗对地观测卫星设计了自动化调度和规划基于约束区间(Automated Scheduling and Planning Environment, ASPEN)系统,采用基于领域知识的迭代修复机制进行求解。NASA 的 Frank[18]和 Dungan[19]等将多星成像调度问题描述为约束优化问题,建立了基于 CBI(Constraint - Based Interval)框架的调度模型,采用随机搜索的贪婪算法求解。基于上述方法,他们实现了 EUROPA 调度系统。

专用模型的设计与具体星载设备与调度场景密切相关,为了提高规划效率,对模型进行了一定程度的简化,通常不具有一般性和通用性。

2. 将卫星调度问题归约到经典问题

经典的规划问题通常有较为广泛采用的建模和求解方法,为了利用这些模型和求解方法,一些学者将对地观测卫星规划调度问题归约为某些经典的规划调度问题再进行建模求解。Vasquez 等将 SPOT5 卫星的日常调度映射为多维 0 - 1 背包问题,并建立了约束满足问题模型,采用禁忌搜索进行求解,并使用松弛方法得到了问题的上界[20]。Hall 等将单星调度问题归约到单机调度问题,建立了相应的整数规划模型,分别从时间窗口价格和任务的机会成本等角度,设计并比较了 8 种启发式算法,综合利用这些启发式算法能够得到接近问题上界的解[1]。Wolfe 将成像卫星调度映射为带时间窗口约束的多维背包问题,并设计了贪婪算法,具有向前看(Look - ahead)功能的贪婪算法和遗传算法进行求解[21]。Lin 根据华卫二号(ROCSAT - II)的成像特点,将其看作一个带有时间窗口约束的车间调度问题,使用拉格朗日松弛方法和禁忌搜索方法,将主问题分解为几个子问题,并采用线性规划技术求解[22]。贺仁杰研究了不考虑数传的多颗对地观测卫星调度问题,将其归约为具有时间窗口约束的多机调度问题,建立了混合整数规划和约束满足两种模型,采用禁忌搜索和列生成算法进行求解[23]。Wang J 等将云量不确定条件下的卫星任务规划问题归纳为机会约束规划问题(Change Constraint Programming),并采用整数线性规划方法进行求解[24]。李菊芳[5]和郭玉华[25]将可见光、SAR、红外、多光谱等多种载荷类型的卫星综合任务规划问题映射为带时间窗的车辆装卸问题,并采用免疫遗传算法和模拟退火等算法对上述模型进行求解。

虽然经典规划问题可借鉴大量研究成果进行建模及求解,但经典问题通常有较为严格的形式化定义,因此在归约过程中可能需要简化卫星相关约束,以适应目标经典问题的表达形式。经典问题规划模型可扩展性较差,难以表达复杂条件下卫星对地观测过程,例如将卫星规划问题映射为整数规划问题模型,难以表达卫星对地观测过程中的非线性约束。

3. 提出卫星任务规划算法

无论是建立数学模型还是归约到经典问题,都需要设计相应的优化算法进行求解。优化算法的选择、编码、设计与所采用的模型直接相关,不同的规划调度模型在很大程度上决定了求解算法的选择和设计。应用于卫星规划调度领域的优化算法本质上可以分为最优化算法和启发式优化算法两类。

典型的运用于卫星规划领域的最优化算法包括约束规划(Constraint Programming)方法[2]、标签设置(Label-setting)算法[11]、列生成(Column Generation)算法[23]等。由于卫星任务规划是一类典型的 NP-Hard 问题,因此最优化算法只能解决较小规模的对地观测卫星调度问题[18,22]。

目前,绝大部分的研究工作采用了启发式优化算法进行求解。如 Frank 等利用基于启发式的随机搜索算法,并设计了多种启发式规则[18]。Wang 等[26]设计基于优先级的启发式搜索算法,综合利用了避免冲突、有限回溯、按需下载等规则,可在短时间内产生令人满意的规划结果。Chen[27]等针对敏捷卫星设计了若干基于优先级的多星任务冲突规避启发式策略,能够针对观测时间窗重叠的规划元任务之间的冲突进行高效消解。

与元启发式优化算法相比,基于规则的启发式搜索算法的规划结果优化性能较差。模拟退火(Simulated Annealing,SA)、禁忌搜索(Tabu Search,TS)、遗传算法(Genetic Algorithm,GA)、蚁群算法(Ant Colony Algorithm,ACA)、烟花算法(Fireworks Algorithm,FA)[28]以及自适应邻域启发式搜索(Adaptive Large Neighborhood Search,ALNS)[29-30]等元启发式优化算法在求解组合优化问题方面显示了较强的能力,在对地观测卫星调度中也得到了广泛应用。

4. 面向复杂对地观测目标的卫星任务规划研究现状

观测目标根据类型的不同可分为点目标、区域目标和移动目标等。点目标尺寸相对于星载传感器的幅宽较小,能够被成像卫星传感器视场完全覆盖;区域目标尺寸较大,成像卫星单次过境无法完全覆盖目标,因此需采取单星多次观测或者多星组合观测;移动目标指在搜索周期内的任务区域中处于运动状态的目标,具有一定的不确定性。本节主要介绍区域目标和移动目标的任务规划研究现状。

1)面向区域目标的卫星任务规划研究现状

在面向区域目标的卫星任务规划方面,国内外相关工作主要采取"先分解,后调度"的研究思路。具体而言,就是将区域目标卫星成像调度问题分解为区域目标分解、卫星观测调度两个子问题。对于区域目标分解,是将区域目标划分成多个可被星载传感器完全覆盖的子区域(条带),并确定卫星访问子区域的每个时间窗口内卫星载荷的工作参数(开关机时间、卫星侧摆角度等)。对于区域目标的卫星观测调度问题,主要针对目标分解后的观测条带,其调度方法与传统的观测调度方法没有本质区别。

Lemaître 等[31]对区域目标观测规划问题进行了早期的探索,待观测区域为面积较大的多边形区域,通常无法通过一次成像完整观测。Lemaître 等采用并行分割方式,将整个多边形分割成若干条带,保证其中每个条带对应的区域能够被卫星一次成像就可完整观测,通过多次成像拍摄多个条带来覆盖完整区域,整个过程的观测收益服从一个分段线性函数。Cordeau 等[32]使用标准的禁忌搜索算法对问题进行求解,并通过仿真实验验证该算法的可行性。Bianchessi 等[33]提出基于禁忌搜索的面向区域目标观测的多星任务规划方法,使用列生成方法来估计问题上界。Tangpattanakul[34]等提出基于遗传算法的区域目标任务规划方法,通过构造基于优先级的多目标局部搜索算法来进行求解。

Wang 等[35]考虑区域目标的观测需求,使用并行分割方法将区域目标分解成小的观测条带,设计了一种带有冲突避免和有限回溯搜索的基于优先级的启发式算法,能够求得问题满意解。杨剑[36]通过分析区域目标观测特点建立了对地观测卫星区域目标观测调度的 CSP 模型,针对多星区域观测调度过载规划特性提出了基于迭代修复的多星区域目标成像调度算法,并通过实验验证了算法的实用性和有效性。Xu 等[37]针对大面积观测的多卫星调度问题,提出了"区域离散—目标分解—任务调度"三阶段求解框架。朱外明[38]分析了多星协同观测的区域覆盖优化问题的各种具体情形,将多星协同区域目标观测问题抽象为三类基本问题,即资源有限情形下的最大覆盖面积问题、资源充足情形下的最小完工时间问题、资源充足情形下的最小覆盖成本问题,并分别对每一类问题提出相应的解决方案。

2)面向移动目标的卫星任务规划研究现状

本书中的移动目标是指海洋表面移动速度相对较慢的运动目标。与面向静止地面目标观测的任务规划不同,针对移动目标进行任务规划通常包含三个处理环节,即搜索发现、接力观测和卫星观测方案动态调整。问题求解的难点和重点在于如何结合相关信息对目标位置进行准确预测,即如何有效地对移动目标进行搜索发现和接力观测,观测方案的动态调整环节可采用一般的动态重调度方法(见1.2.2节相关介绍)处理。

澳大利亚国防部的 Berry[39] 将海上移动目标的观测调度问题视作传感器资源调度问题,建立了求解问题的通用框架,该方法将观测区域划分为若干子网格,采用基于贝叶斯准则的概率更新计算方法,建立了移动目标的高斯马尔可夫运动模型对运动目标进行预测。慈元卓[40]面向"离线"和"在线"规划两种模式,针对"离线"规划建立了基于部分可观测马尔可夫决策过程(POMDP)的移动目标搜索模型。郭玉华[25]提出了目标分布概率动态更新的随机模型和自适应交互多模型目标预测法,但其以累积发现概率最大的传感器优化策略存在难以准确估计目标状态的问题。卢盼[41]将海面运动目标任务规划问题转化为目标活动的潜在区域规划问题,降低了问题的复杂性,但运动目标的不确定性可能导致无法有效发现目标。徐一帆等[42]针对卫星观测不连续的特点提出了多模型运动预测方法,该方法集成了常规的匀速运动预测、基于航迹的预测和潜在区域预测等方法。张海龙[43]针对多障碍物海面环境下多星协同搜索海面移动目标问题展开研究,提出了一种面向多障碍物的海面移动目标运动预测方法对待搜索目标进行运动预测。在针对移动目标的传感器规划调度方面,袁波[44]将面向移动目标的任务规划问题分解为运动目标状态预测和传感器规划调度两部分,在运动目标状态预测方面提出基于无迹粒子滤波海面运动目标状态预测算法,在传感器规划调度提出了基于瑞丽(Renyi)散度的星载传感器调度方法。Li 等[45]基于强化学习方法提出了一种针对移动目标的传感器调度方法。梅关林等[46]提出了一种基于KL散度(Kullback-Leibler Divergence)和目标探测概率的传感器调度算法,有效提升了卫星对移动目标的发现能力。

1.2.2 卫星任务动态重调度

当前的对地观测卫星调度方法主要以确定性调度为主,实质上处理的是确定性条件下的卫星资源调度问题,即假设一旦调度开始,参与调度的任务及资源就将不再变化。实际上,卫星工作在各种充满变化的复杂环境中,卫星资源可能出现故障而临时失效(或修复),新任务也可能随时到达,如果卫星规划调度过程无法适应这些变化,必然导致卫星资源利用率降低。鉴于此,卫星资源动态重调度研究应运而生,且已成为当前国内外学者研究的热点。

法国 Veridian 公司的 Pemberton 等[47]最先对多卫星动态重调度的需求进行了分析,将多卫星动态重调度的原因分为卫星资源状态的变化、新任务的到达、任务机会的选择和环境不确定性的影响,指出该问题具有连续规划调度问题的一般特点,要求连续两个方案之间的差距应当尽量小,然而没有给出具体的调度策略和方法。Verfaillie 等分析了一般动态和不确定性调度问题的特点,将当前处理动态和不确定性调度问题的处理方法分为反应式(Reactive)处理策略和主动式(Proactive)处理策略[48]。反应式处理策略主要是根据环境的变化迅速作出反应,按照预先设计好的策略进行重调度的方法;主动式处理策略的应用需要获得环境变化的某些先验知识,调度系统将根据这些先验知识自主调整初始调度结果,而无需等到变化发生后再作出反应。显然,根据 Pemberton 等[47]归纳出的卫星调度过程中可能出现的动态变化因素,我们无法预知新任务的信息,也难以得到卫星将出现故障的任何先验知识,所以对地观测卫星动态重调度只能采取反应式的处理策略。

在动态重调度过程中,若直接抛弃初始调度结果,在新的任务条件和资源条件下重新利用确定性卫星调度算法进行规划,则当问题规模较大时,实时性要求很难满足;若重调度结果与初始调度结果差别过大,则可能造成重调度结果难以应用;若不处理新到达任务或直接抛弃初始调度结果中与失效资源相关的任务,则方案优化性又难以保证。因此,合理地利用初始调度结果成为当前处理对地观测卫星动态重调度问题的主要策略。

欧洲航天局(European Space Agency,ESA)的 Verfaillie 等在研究 SPOT 卫星调度问题时,针对新任务到达的情况,提出了一种动态的处理思想[49]:一个新的观测任务能够插入到调度方案中的充分必要条件是,由该任务插入而引起的初始调度方案中其他任务改变时,改变的任务必须能够在调度截止时间内重新安排位置,且不会引起冲突。这种思想以保证卫星应用的服务质量为主要目标,即一旦任务列入方案,就一定要完成。Bensana 等[50]研究了单颗对地观测卫星的调度问题,采用一种基于马尔可夫决策过程框架的数学方法对云层覆盖这一不确定因素进行了处理,实现了考虑云层覆盖情况下的卫星调度优化。Liao 等分析了云量覆盖对华卫二号成像过程的影响,将该问题建模为随机整数规划问题,根据最新的天气情况采用了滚动调整的策略,实时调整已经生成的华卫二号卫星任务调度方案[51],但只能处理线性约束的情况。美国科罗拉多大学的 Billups 等针对约束简化条件下的单颗卫星动态重调度问题提出了基于贪婪算法、遗传算法、整数规划方法和图论方法的多种动态重调度方法[52]，但其无法求解含有非线性约束的卫星模型。

上述工作均只能解决单星动态重调度问题，随着研究工作的推进，部分学者对这些工作进行了扩展，将其应用到多星动态重调度领域。

刘洋等分别针对卫星资源状态变化和新任务到达的情况建立了动态约束满足问题(Dynamic Constraint Satisfaction Problem, DCSP)模型，并提出了相应的反应式调度算法，采用迭代加深策略，结合启发式规则，使得方案调整最小[53]，其核心思想是一种基于任务优先级的迭代修复策略，即当任务发生冲突时，只允许高优先级任务替换低优先级任务。Kramer 等针对一般动态重调度问题提出了基于迭代修复策略的 Task Swapping 算法[54-55]，该算法根据最大灵活性(Max-Flexibility)规则、最小冲突性(Min-Conflicts)规则以及最小竞争性(Min-Contention)规则等启发式规则迭代选择已安排的任务，然后将其替换为目前尚没有安排的任务，再将被替换出的任务重新安排，如果安排成功，则保存新解，如果安排失败，则退回到原始解。张利宁[56]等针对资源失效与应急观测任务到达的场景展开研究，提出了包含区间剪枝、任务剪枝、最小争议部分、最小冲突集、最大灵活度五种任务替换策略的启发式搜索算法。Zhu 等[57]设计了基于团分割的任务融合策略，在此基础上提出了基于任务后移与修复的动态插入算法。Wang 等[58]分别设计了"插入—删除—再插入"三种操作的 IDI 算法和"插入—移位插入—删除插入—删除后重新插入"四种操作的 ISDR 算法，实验表明 ISDR 的优化性要好于 IDI 算法。简平等[59]设计了包含"插入—重分配—替换—删除"四种操作的变邻域搜索方法。上述研究均采用了基于启发式规则的任务替换策略，其可看成是对基于优先级的迭代修复策略的改进。迭代过程中，通过一定的启发式规则决定原有任务是否被新任务替换，而不仅仅考虑任务优先级。

基于任务优先级的迭代修复策略是一种贪婪调度策略，很难保证全局优化性；基于启发式规则的任务替换策略对调度问题中任务分布特性的依赖较大，任务分布特性不同，调度结果的优化程度也会有一定差异，在某些极端的情况下将导致调度结果稳定性不够。刘建银[60]将动态重调度技术应用于森林资源的多星观测中，针对任务调度或者任务执行过程中产生的云层遮挡、资源失效等扰动情况，首先以原方案偏离程度小且完成观测效益大、负载均衡为目标构建了多目标重调度模型，其次提出多目标粒子群调度算法，在算法中设计了局部搜索与全局搜索均衡控制策略，自适应参数调整策略以及种群多样性维护策略，显著提高了多目标重调度算法的性能。张铭等[61]针对地震、火灾等突发性事件的观测,考虑卫星资源失效和应急任务加入等动态不确定性因素,综合任务约束、时间约束、卫星能量和存储约束条件,设计了基于触发规则的事件驱动策略,构建了以最大化调度收益和最小化扰动测度为目标函数的反应式调度多星多目标优化模块,同时兼顾了触发次数、任务完成率和响应时间。胡笑旋等[62]提出了一种针对应急观测任务的启发式滑动时间窗启发式插入算法,综合考虑了任务紧急程度和任务冲突程度。

1.2.3 分布式卫星任务规划

分布式条件下,多星协同任务规划的核心研究内容仍以资源分配、任务调度为主,但重点关注多颗卫星如何通过信息交互和协商自主地进行任务分配,其主要思路是将卫星实体建模为具有自主性、协同性的 Agent,每一个 Agent 仅规划其对应卫星自身的对地观测方案(而不必了解整个星群的完整信息),然后通过多个 Agent 之间的双向协同生成多星整体任务规划方案[63]。卫星的使用约束全部封装在 Agent 内部,与协同框架分离。当卫星资源加入或退出时,只需将代表该卫星的 Agent 在现有多 Agent 网络中注册或注销即可,保证了系统的高可扩展性。多个 Agent"独立规划计算 + 协同"的方式具有天然的并行性,可运行在多个刀片服务器上,能够适应任务随遇随处理场景要求。

典型的工作包括:高黎[64]基于心智(Belief - Desire - Intension,BDI)扩充合同网协议实现分布式卫星系统任务协作,并从任务招标、投标和评标三方面对基本的合同网技术进行了改进。王冲等[65-66]利用协同规划的历史规划结果信息来指导后续协同规划,分别提出了基于 Multi - Agent 混合学习策略的分布式协同任务规划算法和基于强化学习的分布式协同任务规划算法。李军等[67]提出了一种并行的多卫星 Agent 高效协同机制,大幅提升了多卫星 Agent 协同效率。冯棚等[68]在合同网算法中加入单星方案聚类和进化计算等算子,以提升多星对地观测方案的优化性。Bonnet 等[69]针对对地观测卫星星座的动态任务规划问题,设计了具有自适应和自组织能力的 Multi - Agent 系统,它能实时处理新到达的对地观测请求,提高了系统的反应能力。Du 等[70]整合了基于聚类的任务预处理、基于合同网协议的任务分配、基于动态插入的任务重调度等多种机制,提出了一种多维多 Agent 集群协同模型,以解决交互模式不灵活,协商效率低,动态响应能力差等问题。Zheng 等[71]将博弈论的思想引入到多星协同任务规划中,分别设计了基于效用的后悔博弈,烟雾信号博弈和基于广播的博弈等多种协商机制。

1.2.4 星上自主任务规划

根据任务规划方式的不同,卫星星上自主任务规划可以分为批量规划[72-74]、滚动规划[75-76]、序贯决策[77](Sequential Decision – making)等方式,下面分别予以阐述。

1. 批量规划

如图1-2所示,批量规划方式下,星上任务规划系统定期对每天或每周的任务进行规划,并生成可执行的对地观测方案。卫星按照对地观测方案依次执行各项卫星动作,在对地观测方案执行结束之前,星上任务规划系统再次对下一个规划时段内的任务进行规划,生成对应的对地观测方案,依此类推。通常情况下,相邻的两个规划时段之间不存在时间交叠。批量规划方式在早期的星上自主任务规划系统中得到了应用。1998年,美国国家航空航天局(National Aeronautics and Space Administration,NASA)在"新千年计划"中,利用"深空"1号(Deep Space – 1)探测器对远程智能体规划调度器(Remote Agent Experiment – Planning Scheduling,RAX – PS)技术进行验证[73-74]。RAX – PS由规划调度引擎和知识库两部分组成,通过采用启发式搜索算法对卫星任务规划问题进行求解,生成满足各个子系统使用要求的卫星动作序列方案。张英恩等[78]将启发式规则和模拟退火策略引入遗传算法,以此提升对卫星自主任务规划问题的求解质量和求解效率。苗悦等[79]针对热点区域内多观测目标成像任务规划问题,提出了一种分层择优任务规划算法,通过对重要、次重要、一般三种重要程度层次的观测目标逐层优化的方式来生成观测方案。薛志家等[80]针对应急条件下目标观测、数据传输和轨道机动三类任务联合规划问题建立了卫星一体化任务模型,将问题分解为序列规划和时间调度两个子问题进行处理,提出了基于启发式搜索与改进计划评审技术的自主任务规划算法等。批量规划是地面任务规划系统中主流的规划方式,有着丰富的研究成果可以借鉴,可以参考1.2.1节和1.2.2节的研究成果。

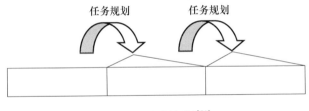

图1-2 批量规划[76]

批量规划方式下,任务规划算法从全局的角度对观测任务进行统筹安排,通常能够搜索到最优解或近似最优解,但求解效率较低。自主任务规划过程中,卫星也在高速飞行,如果星上自主任务规划算法在任务观测开始时间尚未给出可执行的观测方案,则意味着当前任务规划失败,卫星将错失观测机会;而如果采用任务规划过程的中间结果,则观测方案的优化性又难以保证。因此,批量规划方法适用于时效性要求不高的应用场景。

2. 滚动规划

如图1-3所示,滚动规划方式下,星上自主任务规划系统根据卫星的能源、存储、姿态等资源及设备状态,对未来几十分钟至几个轨道周期(称为滚动规划窗口)内的观测任务进行规划,且滚动规划窗口会随着时间的变化而不断向前推移。当滚动规划窗口的观测任务或者资源状态发生变化时(如随机到达的观测任务,观测条件不合适导致任务取消,能源、存储等资源状态与方案预期不一致等),自主任务规划系统自动根据滚动规划窗口内观测任务和能量存储资源的变化对已有的观测方案进行迭代修复更新。滚动规划方式下,滚动规划窗口之间存在着时间交叠,保证了自主任务规划系统能够在已有观测方案的基础上针对星上的变化及时快速地做出相应的调整。滚动规划可以看作是星上自主任务规划算法在优化性和求解效率上的一种折中处理方法。

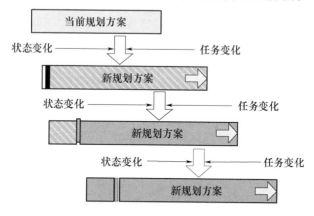

图1-3 滚动规划[75]

目前,国内外航空航天机构已经将滚动规划方法应用于卫星星上自主任务规划系统中,取得了一定的效果。NASA具有代表性,2000年NANA在"地球观察者"1号(EO-1)卫星上进行了ASE(Autonomous Sciencecraft Experiment)试验[75],验证了连续任务规划方案执行与重规划[81]技术。CASPER(Continuous Activity Scheduling Planning Execution and Replanning)作为星上自主任务规划调度核心组件,认为任务规划是一个增量处理的过程,根据当前的资源状态、承担的观测任务、资源和任务的变化情况,采用基于启发式规则的迭代修复技术实现对星上观测任务的连续规划,提高了规划系统对动态环境的响应能力[76,82]。CASPER 的良好性能使得其在后续自主任务规划试验中得到了广泛的应用。例如,2002 年进行的 3CS(Three Corner Sat)试验[83],NASA 将 CASPER 成功应用到 3 颗纳卫星上,完成了云层成像试验任务;2006 年,NANA 将 CASPER 技术应用到"TechSat21"计划的编队飞行试验中,利用 3 颗编队飞行卫星进行了自主科技星座(Autonomous Sciencecraft Constellation,ASC)试验[84-85],其采用 TeamAgent/ObjectAgent 的协同方式,TeamAgent 利用 CASPER 对卫星编队任务进行集中统一规划,并将对地观测方案发送到 ObjectAgent 执行,验证了 CASPER 可以应用于卫星编队自主任务协同规划;2013 年,NANA 将 CASPER 技术成功应用到立方体卫星上,进行了智能载荷试验(Intelligent Payload Experiment,IPEX)[86]。此外,科学家也尝试将 CASPER 应用于深空探测活动[87-88]。

欧洲航天局在 PROBA(Project for On-Board Autonomy)计划[89-90]中开展了自主任务规划技术的相关研究。2001 年,欧洲航天局进行了 PROBA-1 试验,验证了星上资源管理与监测,任务调度与执行,科学数据收集、存储、处理、分发,数据通信管理,错误检测与重构等技术。2007 年,欧洲航天局进行了 PROBA-2 试验,验证了相关卫星自主运行平台技术与发射技术。2014 年,欧洲航天局进行了 PROBA-3 试验,两颗在轨卫星构成日冕观测器,实现对太阳活动的观测,成功验证了卫星编队飞行技术。

法国国家太空研究中心(Centre National d'Etudes Spatiales,CNES)和法国航空航天研究中心(Office National d'Etudes et de Recherches Aerospatiales,ONERA)于 2004 年签署协议,开展空间自治系统的相关研究,并将研究成果应用到 AGATA[91-92](Autonomy Generic Architecture-Test and Application)项目中。Maillard,Verfaillie,Beaumet,Pralet 等分别对航天器自主任务规划技术的框架、模型及算法展开了相关研究。如 Maillard,Verfaillie 等[93-94]考虑到星上能源、存储资源使用的不确定性问题,提出一种星地联合自主任务规划框架,地面系统根据卫星任务规划模型生成可执行的观测方案并上注到卫星,星上自主任务规划系统根据星上能源、存储等资源使用情况,采用贪婪算法动态对观测方案进行调整,优先保证高优先级任务的执行及数据下传。Beaumet,Pralet 等[77,95]考虑对地观测、对地数传、姿态调整、对日定向、对地定向等多种不同类型的卫星动作,提出了一种反应/慎思型的规划框架结构,其中反应型规划模块基于决策规则确定下一时刻的卫星动作,慎思型规划模块则基于滚动规划方式采用迭代贪婪随机搜索算法搜索优化解。反应/慎思型框架能够针对星上不确定性动态因素(如资源使用的不确定、任务的动态变化、云层环境的不确定等)及时做出反应,提高了卫星的快速响应能力。

德国宇航中心(Deutsches Zentrum für Luftund Raumfahrt,DLR)在 FireBIRD 任务中开展了航天器自主任务规划试验[96](Verification of Autonomous Mission Planning On-board a Spacecraft,VAMOS),它能够针对星上状态或事件快速做出反应。

除了上述星上自主任务规划系统外,基于滚动规划的算法也得到较为广泛的研究。Li 等[97]将有监督学习方法与启发式搜索算法相结合,利用神经网络计算每个任务的调度优先级,然后启发式搜索算法按照任务的调度优先级依次将观测任务插入到观测方案中,增强了启发式搜索算法的寻优能力。刘晓丽等[98]针对滚动任务规划中的时间窗口选择、任务处理策略、资源使用原则三个问题进行了讨论。邢立宁等[99]考虑了动态环境对卫星自主任务规划过程的影响,对滚动规划的任务更新范围、重规划时机进行了分析,但未给出具体的重规划方法。贺川等[100]考虑了随机到达观测任务的时效性要求以及执行截止时间要求,提出了到达时刻优先、等待时间优先、截止期优先等种启发式搜索算法。习婷等[101]针对动态需求的时效性要求,设计了多种任务排序规则,按照指定顺序将任务插入到观测方案中。刘嵩等[102]将轮盘赌思想与任务排序规则相结合,提出了一种迭代贪婪搜索算法,每次迭代求解均从零开始,随机选择一种任务排序规则,利用轮盘赌思想确定任务顺序,再将任务依次插入到观测方案中,形成一个新观测方案,当观测方案的累计收益不再提高时算法终止。李国梁等[103]将对地观测卫星构建成智能化 Agent,提出了时间利用率优先和资源利用率优先两种启发式搜索算法,其主旨思想是根据观测任务评价指标从大到小进行排序,依次将观测任务插入到观测方案中,直到卫星不能再承担任何任务为止。He 等[104]考虑了云层对卫星成像效果的影响,将任务规划过程划分为预分配、粗调度、精调度三个阶段,但该方法只适合于实时处理云层遮挡情况,难以应对动态到达的观测任务。可以看出,上述研究主要采用启发式搜索算法对问题进行求解,通过选择合理的观测任务插入顺序来对已有观测方案增量更新,然而启发式策略的设计往往面临着知识难以表达的困难,算法的优化性和稳定性难以得到保证。

针对启发式搜索算法在优化性上的不足,部分研究人员尝试利用确定性搜索算法来计算问题的最优解或结合松弛技术来搜索问题的近似最优解。陈浩等[105]针对电磁探测卫星自主任务规划问题,建立了动态拓扑结构有向无环图模型,定义了路径的近似支配关系,通过路径支配松弛来减少图中顶点需要保留的路径数目,提出了基于标记更新最短路径搜索的星上自主任务规划方法。褚晓庚等[106]构建了包含宽幅目标发现和高分辨率目标识别的双星星簇海面搜救的应用场景,采用分支定界算法进行求解。

相比于批量规划,滚动规划方法将复杂优化问题分解为若干重叠的优化子问题,很大程度上降低了问题的求解难度,加快了对问题的求解效率。然而,任务规划算法的性能表现容易受到滚动规划窗口时长的影响。滚动规划窗口设置过长,参与规划的观测任务数目增多,任务规划算法计算难度会增大;滚动规划窗口时长设置过短,任务规划算法容易因"短视"导致优化性能降低。此外,滚动规划算法主要以基于规则的启发式搜索算法为主,优化性还有待进一步提高。

3. 序贯决策

序贯决策是用于不确定性动态系统的最优化决策方法,其过程:从初始状态开始,每个时刻做出决策后,观察系统的状态变化,再根据新的状态做出下一步决策,反复进行直到结束,如图 1-4 所示,星上自主任务规划系统根据卫星的能源、存储、姿态等资源及设备状态,按照一定的知识规则依次决策卫星在每一时刻(阶段)应该执行的动作。与批量规划或滚动规划方式下所采用搜索算法的最大不同之处在于,序贯决策算法只需根据卫星当前的资源设备状态、观测任务分布信息决策下一步要执行的动作,而不必提前考虑未来的观测计划,从而避免了搜索所有可能的观测方案。因此,序贯决策方法能够针对观测任务动态到达、资源状态与观测方案预期不一致等不确定性因素实时做出反应,极大地增强了卫星的快速响应能力。

目前,采用序贯决策方式来解决卫星星上自主任务规划问题的研究较少,尚处于探索阶段,通常采用人为定义的规则对任务进行决策,算法优化性能还不高。Chien 等[87]在星上构建了 ad-hoc 响应系统,该系统根据预设的响应规则来确定下一步该执行的卫星动作。Beaumet 等[77]综合考虑卫星运行过程中的对地数传、对地观测、对日定向、对地定向等多种类型的卫星动作,采用基于优先级的卫星动作随机决策算法确定卫星将执行的动作。随着机器学习技术的快速发展与广泛应用,通过对历史规划数据的挖掘,利用学习到的知识规则指导任务决策过程,将有利于提升序贯决策方法的性能,有助于在确保快速响应能力的前提下促进卫星资源的高效利用。当前,已有少量采用机器学习方法来解决卫星任务规划问题的研究工作[66,107-109],主要采用案例学习、监督学习、强化学习等方法对历史规划方案进行学习,从而进一步提升决策优化程度。

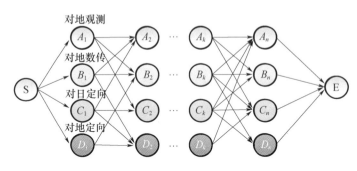

图 1-4 序贯决策

1.2.5 数传资源规划

数传资源规划是指对于数据接收地面站的任务规划。当卫星进入地面站天线覆盖范围后,将与地面站建立通信链接,将星载存储器中暂存的对地观测数据下传到地面,从而形成信息产品。通常情况下,同一时间一套接收设备只能向一颗卫星提供数据接收服务。当多颗卫星同时出现在同一地面站接收范围内时,出现多颗卫星争用地面站数传服务的局面,从而导致数传冲突,需要通过优化方法合理安排数传资源工作方案。典型的数传资源规划问题是美国AFSCN(Air Force Satellite Control Network)的调度问题。AFSCN 是一个地面站网络,包括部署于全球范围内的 16 套数传接收天线,每天需要处理超过 500 个来自不同卫星的数传请求。针对 AFSCN 调度问题,Barbulescu 在总结前人研究经验的基础之上,比较了启发式构造与修正算法、爬山算法、进化算法等的计算效果,通过实验表明,进化算法取得了最好的结果[110]。Clement 等对 DSN(Deep Space Network)规划问题进行研究,提出了基于启发式策略的局部搜索算子和迭代修复算子相结合的混合算法[111]。金光等针对固定优先级的数传任务,构建了泛函模型,提出了启发式的数传资源安排方法[112]。吴晓光针对应急规划场景下任务递增的特点,建立了卫星数传实传—回放调度规划模型,提出了基于改进粒子群遗传算法的卫星数传实传—回放规划调度算法[113]。陈浩等考虑了优先级动态变化情况,构建了冲突约束图模型,提出了基于遗传算法的求解方法;在此基础上,其采用改进的遗传算法和离散粒子群优化算法针对数传资源规划过程中的新兴问题展开研究,即观测任务增量更新条件下的数传资源规划、卫星群成员星之间数传冲突的消解问题和卫星数据实传与回放自主规划问题等[114-116]。Xhafa等研究了启发式爬山算法[117]、模拟退火算法[118]和遗传算法[119]求解数传资源规划问题的效果,得到元启发式优化算法更适合该问题的结论。姚峰等采用带启发信息的遗传算法求解针对点目标和区域目标混合条件下的数传资源规划问题[120]。邢立宁等在数传任务失败率和地面站使用平衡性等两个目标上同时进行优化,采用了基于MOEA(Multi-Objective Evolutionary Algorithm)的方法进行求解[121]。进一步地,Zhang等将支持向量机与MOEA相结合来提高多目标优化过程的计算效率[122]。瞿保荣等[123]面向隶属于不同主题的卫星观测数据下传规划问题,提出了基于微粒群优化算法的求解方法。

第 2 章 卫星任务规划问题描述及分析

为了分析对地观测卫星任务规划问题的实质,本章首先描述对地观测卫星工作原理和机制及对地观测卫星数传资源工作过程,明确对地观测卫星资源调度问题的各个要素,包括对地观测任务要素、卫星资源要素、数传资源要素以及优化目标要素等。在此基础上,分析对地观测卫星任务规划问题的主要特点和难点,探讨卫星任务规划问题相对于经典的任务规划问题的区别和联系。

2.1 对地观测卫星运行过程分析

尽管不同对地观测卫星的成像原理和传感器参数不同,但是相对于对地观测卫星任务规划问题,这些卫星的对地观测方式和约束条件表现出许多共同的特点[6]。这些共同的特点是进行卫星任务规划研究的基础。典型的卫星对地观测过程可描述为:对地观测卫星载有高分辨率对地观测载荷(简称传感器),高速运行在近地轨道上,当其飞越地面目标上空时,可调整姿态,使用对地观测载荷对准目标成像,完成一次对地观测,并将获得的观测数据暂存在星载存储器中。卫星进入地面站接收范围后,与地面站建立星地通信链路,并将观测数据下传回地面,从而完成对地观测过程。下面将给出卫星运行过程相关的定义与概念。

2.1.1 卫星对地观测过程

对地观测卫星绕地球飞行和地球的自转使得卫星可以对一定的地面区域进行观测,而这些区域范围可以通过星载传感器的参数和星下点轨迹来确定。

定义 2-1 星下点轨迹

对地观测卫星在地面的投影点(或卫星和地心连线与地面的交点)称为星下点,可以用地球表面的地理经、纬度表示。卫星运动和地球自转使星下点在地球表面移动,形成星下点轨迹,如图 2-1 所示。对于位于星下点处的地面观察者来说,卫星就在天顶。由于地球绕垂直于赤道平面的自转轴以约 15(°)/h 的匀角速度自西向东自转,因而使得在旋转地球上的星下点轨迹有一定形状特点。地球旋转使得星下点的经度西移,其西移量为地球自转角速度与飞行时间的乘积。这样,卫星在后一个轨道圈次的星下点轨迹一般不会与前一圈次的轨迹重复,因而对地观测卫星能够利用地球自转经过地球上的广大地域上方,实现对较大范围的成像覆盖。星下点轨迹的意义在于它可以用来确定对地观测卫星对地面的覆盖范围。

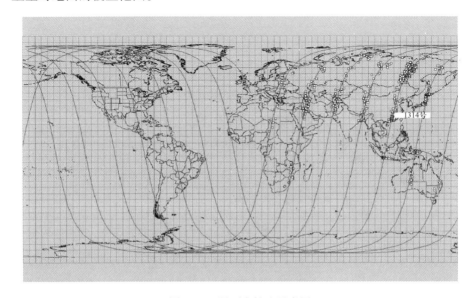

图 2-1　星下点轨迹示意图

定义 2-2　对地覆盖

对地观测卫星的对地覆盖就是卫星对地面的有效可视范围。

在卫星任务规划问题中,对地观测卫星对地面的覆盖是通过卫星的星下点轨迹结合卫星有效观测范围以及最大侧视角度确定的;卫星在轨运行时,其最大侧视角度范围内所能够观测到的区域是一个以星下点轨迹为中线的带状区域,区域内的任何单个观测目标均可被卫星观测,如图 2-2 所示。

不同对地观测卫星的轨道设计不同,其对应的成像覆盖区域也不同,卫星运行过程中这些带状的覆盖区域可能出现交叠,交叠区域内的地面目标可以被多颗对地观测卫星成像。

定义 2-3　对地观测条带

卫星对地面进行观测时,处于高速运动状态,同时星载传感器都有一定的视场角,所以每次对地观测所产生的观测数据为具有一定幅宽的条带,称为对地观测条带(简称观测条带)。观测条带的宽度和对地观测卫星的飞行高度及视场角相关。如果观测条带覆盖了地面目标,就表示卫星对该目标进行了观测。一般而言,卫星的对地观测条带相对较窄,如图2-2所示。

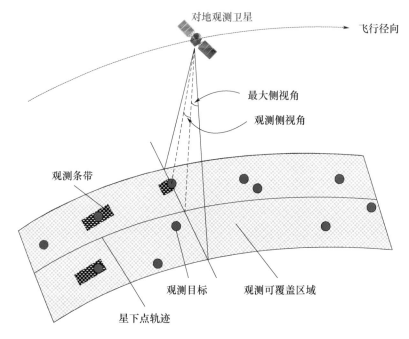

图2-2 卫星对地观测示意图

定义2-4 对地观测需求

对地观测需求由用户提出,通常由一块地球表面区域以及对该区域的详细观测要求所构成。其中地球表面区域又称为地面目标,是卫星对地观测的对象;详细观测要求是用户对卫星获取的观测数据的特殊要求。常见的观测要求有如下几类:

(1)传感器使用要求。用户要求该观测数据必须为某类传感器成像的产品,如可见光传感器要求、红外传感器要求、SAR传感器要求等。

(2)传感器分辨率要求。卫星观测生成的数据产品的分辨率应当大于等于用户提出的传感器分辨率要求。

(3)立体成像要求。用户要求对该地面目标进行多次不同角度的对地观测,从而能够完成对该目标的三维重构任务。

(4)观测时间段要求。用户要求该目标必须在指定的时间段内(如6:00-

11:00)被观测。

(5) 观测时效性要求。用户要求该目标观测数据需要在某个截止时间点(Deadline)之前被获取。

(6) 目标群观测要求。当前目标与某个或某几个目标存在强关联关系，构成一个目标群，需要一并观测，如果未能获得目标群中所有目标的观测数据，则这些观测数据价值将大幅降低。

(7) 时间分辨率要求。要求每隔一定时间对某地面目标进行一次观测，以定期更新态势。例如，对于观测需求"每隔6h对汶川地震灾区1号堰塞湖进行一次观测"而言，时间分辨率为"不大于6h"。

定义 2-5　卫星成像侧视角与卫星访问时间窗

对于不在星下点轨迹上的地面目标，卫星对其观测时需要调整卫星平台或传感器姿态，按一定角度对其进行观测，这个角度称为卫星成像侧视角，如图2-2所示。卫星对地面目标的成像侧视角不能超过其最大侧视角。

根据卫星轨道根数信息，可外推计算出未来一段时间内卫星的星下点轨迹，从而可根据地面目标地理位置计算出该卫星与目标的可视时间段集合。卫星与地面目标的可视时间段称为卫星对该目标的访问时间窗(简称卫星访问时间窗)。显然，卫星仅能在该地面目标的访问时间窗内(以一定的成像侧视角)对其进行观测。

定义 2-6　对地观测任务

已计算出卫星访问时间窗的对地观测需求称为卫星对地观测任务。由于访问时间窗已经指明了卫星与地面目标的可视关系，卫星对地观测任务可简称为对地观测任务。卫星执行某对地观测任务，是指该卫星将某个可视时间窗内对指定目标执行观测。

定义 2-7　对地观测规划元任务

通常，卫星对某个观测目标具有多个访问时间窗，每个访问时间窗与卫星及地面观测目标构成一个对地观测规划元任务(简称规划元任务)。由此可见，每一个规划元任务包含卫星、地面目标和访问时间窗三个核心要素。卫星是执行规划元任务的主体，观测目标是待观测的对象(客体)，访问时间窗是卫星对地面目标的可视时段。某个规划元任务被执行，是指该卫星在访问时间窗内对该地面目标实施了观测。通常，规划元任务集合是卫星任务规划的输入，规划算法决定哪些规划元任务将被执行。

定义 2-8　对地观测方案

卫星任务规划的结果称为卫星对地观测方案。通常,卫星对地观测方案除了包含需执行的规划元任务之外,还包含卫星数传资源规划方案。

定义 2-9　多星观测冲突区域

在一次卫星任务规划时间范围内,不同对地观测卫星的交叠覆盖区域称为多星观测冲突区域,如图 2-3 所示。这里任务规划时间范围是指卫星任务规划所考虑的时间段。

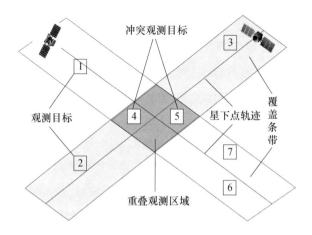

图 2-3　卫星观测冲突区域与冲突观测任务示意图

定义 2-10　冲突观测任务

处于多星观测冲突区域内的对地观测任务称为冲突观测任务。值得注意的是,对于只需观测一次的观测需求,多次观测将浪费宝贵的卫星资源。但对于具有多次观测要求的任务而言(如立体成像要求等),重叠观测区域内的任务不属于冲突观测任务。

此外,对地观测卫星每隔一定周期会经过同一地面目标的上方,这种情况称为对地观测目标的重访。对地观测目标重访和冲突观测任务的区别在于:重访是针对单颗对地观测卫星,冲突观测任务针对多颗对地观测卫星。

2.1.2　卫星数传过程

通常,数传资源包括地面站资源和中继卫星资源两种,下面分别介绍其数据传输过程。

1. 地面站数据接收过程

地面数据接收站(简称地面站)部署于地球表面,主要由天线(包括伺服设备)和接收设备等组成[7]。当对地观测卫星进入地面站接收范围时,被地面站天线捕获,与地面站建立星地通信链路。卫星将星载存储器中的数据通过星地通信链路下传到地面站,释放星载存储器存储空间。当卫星飞离地面站接收范围时,星地通信链路断开,卫星完成数传,地面站完成数据接收。显然,每一个卫星数传活动唯一对应一个地面站数据接收活动。如无特殊说明,将不再区分卫星数传活动和地面站数据接收活动。地面站数据接收活动过程如图2-4[124]所示。

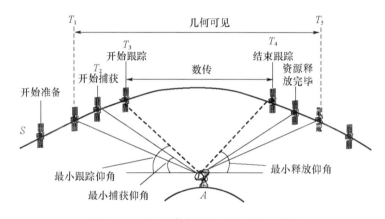

图2-4 地面站数据接收活动过程示意图

通常情况下,一个地面站仅有一套接收设备,如果一个地面站同时存在多套接收设备,可以将每一套接收设备当作一个逻辑地面站。在卫星数传资源规划过程中,可将该地面站当作若干个同址部署的逻辑地面站进行处理。

地面站开始数据接收之前,需要进行一定的准备工作,接着捕获待下传数据的卫星,然后对卫星数据实施接收,最后进行资源释放(图2-4)。因此,地面站接收设备需要满足一定的接收准备时间和资源释放时间[125]。在规划调度过程中,地面站两次数据接收过程之间的最短时间间隔称为地面站数据接收切换时间。

在实施数据接收时,一套设备同一时间只能对一颗卫星的数据进行接收,称为地面站资源能力约束。当多颗对地观测卫星同时进入地面站接收范围时,地面站资源能力约束导致了多星数传访问冲突。

2. 中继卫星数据接收过程

中继卫星系统利用地面站和运行于地球同步轨道上的中继卫星,对中、低轨航天器进行高覆盖率测控和数据中继。中继卫星的使用能大幅提高中、低轨道航天器的测控覆盖率。本质上,中继卫星间接延长了航天器与地面站的可见时间窗,增加了航天器测控与数传时间。中继卫星系统由专有机构管理,为多个部门的多个航天器提供测控覆盖和数据中继服务。需要使用中继卫星资源的部门提出请求,由中继卫星管理机构统一规划调度,为各部门的不同航天器分配中继卫星使用时段。

中继卫星从为一个航天器提供数据中继服务转换到为另一个航天器提供数据中继服务时,需要一定的转换时间,称为中继卫星数据接收切换时间。地面站数据接收切换时间与中继卫星数据接收切换时间统称为数传资源数据接收切换时间。

与地面站处理方式类似,假设一颗中继卫星同一时间只能服务于一个航天器,称为中继卫星资源能力约束。如果某颗中继卫星具有同时为多个航天器提供数据中继服务的能力(称为并发服务能力),则在逻辑上将其当作多颗无并发服务能力的中继卫星进行处理。

本书假定在对地观测卫星资源规划调度之前,中继卫星调度工作已经完成,中继卫星可用时段已知。

2.2 对地观测卫星任务规划问题描述

对地观测卫星任务规划是指针对多颗对地观测卫星和相关数传资源,面向用户提出的大量对地观测需求,确定使用哪些卫星、在哪些时刻、使用什么工作模式执行对地观测任务,并在哪个时刻、利用哪个数传资源将对地观测数据下传到地面,使得综合效益最大的问题。可见,对地观测卫星任务规划问题可抽象为由对地观测任务、卫星资源、数传资源等要素组成的复杂组合优化问题。下面将首先对各要素进行介绍,其次分析各要素在调度过程中的联系,最后分析对地观测卫星资源调度问题的特点和难点。

2.2.1 对地观测任务要素

用户提交的对地观测需求(见定义2-4)经过卫星访问时间窗计算后,转化为若干对地观测任务(见定义2-6)。从对地观测卫星任务规划过程及应用的角度而言,对地观测任务要素应包含如下信息:

1. 目标地理位置与目标类别

目标地理位置由一系列的经、纬度点表示。如果目标大小相对于卫星对地观测条带(见定义2-3)而言可忽略不计,则对于卫星任务规划而言,该目标可表示为一个没有大小范围的点(单个经、纬度点);否则,该目标为区域目标。区域目标可表示为按一定顺序排列的多个经、纬度点,如果按顺序将这些经、纬度点首尾相连,形成封闭多边形区域,即为区域目标的地理范围。通常,卫星一次对地观测无法覆盖整个区域目标,需要多颗卫星协同观测。此外,还有一种特殊的目标类型为洋面移动目标,该目标通常为非合作目标,在海上按一定路线航行,通常只知道其大致所在海域以及曾经出现的精确位置,需要在卫星任务规划过程中对其航迹进行分析预测,所以其地理位置由带时间标签的一系列经、纬度点组成。目标的地理位置决定了其与不同卫星的可见时间窗口。

2. 目标优先级

目标优先级是对对地观测需求(见定义2-4)重要性的评价,优先级越高,说明该任务越重要。优先级高的对地观测任务应该被优先响应。

3. 详细观测要求

在定义2-4中已经介绍了常见的详细观测要求。不同的观测需求在卫星任务规划过程中需要分别考虑。从卫星任务规划的角度可以将详细观测需求分为两类,一类是过滤型观测要求,另一类是规划型观测要求。典型的过滤型观测要求包括传感器使用要求、传感器分辨率要求、观测时效性要求及观测时间段要求等。从任务规划的角度而言,对于过滤型需求的处理过程相对简单,可直接采用基于产生式规则的专家系统[126]过滤没有能力执行该对地观测任务的卫星资源。例如,对于传感器使用要求为"可见光"的对地观测需求,则过滤掉所有携带非可见光传感器(如红外传感器、SAR传感器等)的卫星访问时间窗口即可。典型的规划型观测要求包括立体成像要求、目标群观测要求以及时间分辨率要求等。规划型观测要求需要规划算法在计算时特别考虑。例如,对于立体成像要求而言,需要从不同角度对其进行观测。这就要求规划算法"有意识地"安排多颗带有相同传感器的卫星对其进行观测。显然,规划算法还需要"谨慎地"进行决策,如果卫星系统的观测能力无法满足立体成像要求时,则规划算法权衡执行该任务的利弊,即不安排该任务而将资源分配至其他观测任务,可能带来更高的收益。

2.2.2 卫星资源要素

1. 卫星轨道

与航空设备不同,卫星不能在空间环境中自由飞行,而是沿一定的空间轨道高速运行,卫星的轨道特性决定了其在轨运动过程中与地球之间的相对几何关系。对地观测卫星通常运行在近地轨道上,卫星只能在某个时间段与地面目标及地面站存在可视关系。卫星与地面目标(地面站)存在可视关系的时段,即为卫星对地面目标(地面站)的访问时间窗。卫星只能在访问时间窗中执行对地观测任务(对目标可见)或进行数据下传活动(对地面站可见)。

2. 卫星平台

卫星平台是为有效载荷正常工作提供支持和保证的各分系统的总称。按照卫星平台的机动能力,对地观测卫星可分为敏捷对地观测卫星(Agile Earth Observation Satellite)和非敏捷对地观测卫星。

敏捷对地观测卫星与传统非敏捷卫星相比,其平台具有偏航、侧摆、俯仰三轴姿态机动能力,使得卫星对目标的可视时间窗大幅增加。图 2-5 为敏捷卫星与非敏捷卫星的差别示意图[10],图中共有①、②、③三个候选任务需要观察。可以看出,敏捷卫星的可视时间窗远大于非敏捷卫星的可视时间窗,且大于实际拍照所需的时长。敏捷卫星的实际观测窗口能够在可视时间窗中滑动,使其可以很好地兼顾原本相互冲突的任务(如任务①和任务②)。在图 2-5 中,敏捷卫星能够完成所有三个观测任务,而非敏捷卫星只能够观测其中的两个任务。敏捷卫星的灵活性很大程度上增强了它的观测能力,但也增加了任务规划问题的复杂性。对于敏捷卫星的任务规划来说,不仅要决定观测哪一个目标,还要决定从可视时间窗的什么时候开始观测目标。

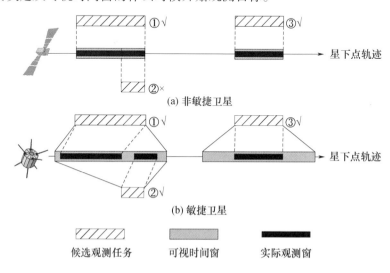

图 2-5 敏捷对地观测卫星与非敏捷对地观测卫星的对比

普通光学对地观测卫星通常只有滚动(侧视)能力,而电磁环境探测卫星通常不具备姿态调整能力,仅能收集星下点轨迹附近区域的电磁环境数据。

3. 卫星观测载荷约束

对地观测卫星携带的主要载荷是对地观测传感器。不同类型的传感器载荷特性各异,但从卫星任务规划的角度出发,对不同类型卫星对地观测载荷进行高度抽象,把卫星载荷的每一次可能的开关机看作一个工作模式,则可以建立统一的载荷使用约束描述模型。

1) 传感器观测范围约束

卫星传感器的每个确定的动作模式对应于一定的观测谱段、观测分辨率和视场范围,所有可选模式集合构成了卫星载荷的能力范围,卫星只能满足它观测能力范围内的任务请求的观测,如分辨率为3m的光学卫星无法满足用户要求的1m分辨率的观测图像要求。

2) 工作模式观测条件约束

有些卫星载荷在特定条件下可能无法有效观测,如可见光卫星受光照条件和云量覆盖的影响较大,在光照条件不好和云层较厚时无法观测等。

3) 开关机时间长度约束

受星上载荷的工作特性限制,为保护卫星传感器,一般对每个模式下的最长开关机时间进行限制。为对地面目标进行有效观测,以获得更可信的数据,卫星对地面目标进行观测时通常也需要满足一定持续时间,称为最小开机时间。

4) 模式切换约束

卫星在两次连续的观测动作之间需要满足一定的动作切换时间,也称为动作切换时间约束。

5) 动作唯一性约束

受卫星载荷特点限制,卫星在任一时刻同时只能执行一个动作,不允许同一颗卫星的两个观测动作(工作模式不同)之间有时间上的交叉。

4. 卫星能量约束

卫星正常工作需要有电源供应,星载计算机、姿态控制、星体热控、有效任务载荷、通信等子系统的正常工作都需要电源供电。对地观测卫星星上电能来自于太阳能。为了使卫星在阴影区也能维持工作,采用"太阳能电池阵+蓄电池"的联合供电方式[25]。受星上供电能力制约,卫星运行过程中星载传感器开机时长有一定限制。

5. 卫星星载存储器容量约束

卫星执行对地观测任务,将获取的数据暂时存储于星载存储器中,星载存储器可用容量减小;当卫星通过数传资源将星载存储器中数据下传到地面时,星载存储器可用容量恢复。当星载存储器可用容量为零时,将无法继续存储卫星获取的对地观测数据。

2.2.3 数传资源要素

数传资源包括地面站资源和中继卫星资源。当某个地面站资源或中继卫星资源在某个时刻对某颗卫星提供数据下传服务时,该卫星可进行数传活动。

1. 数传时段起始时间和结束时间

卫星对地面站资源的数传时段起始时间和结束时间由卫星和地面站的访问时间窗口决定。当卫星进入地面站接收范围,天线完成捕获跟踪后,卫星即可开始进行数据下传;当卫星飞离地面站接收范围时,卫星数传过程结束(图2-4)。卫星对中继卫星资源的数传时段起始时间和结束时间由中继卫星管理部门对中继卫星资源的调度结果决定。中继卫星资源可供对地观测卫星系统使用的起始时间和结束时间即是中继卫星数传时段起始时间和结束时间。

2. 数传资源数据接收切换时间约束

地面站数据接收切换时间和中继卫星数据接收切换时间统称为数传资源数据接收切换时间,即数传资源为不同对地观测卫星提供数据接收服务时的切换时间。数传资源数据接收切换时间约束是指数传资源由向某颗卫星提供数据下传服务切换为向另一颗卫星提供数据下传服务所需要的时间应大于数传资源数据接收切换时间。数传资源数据接收切换时间约束的存在,可能导致数传资源多星访问冲突,如图2-6所示。

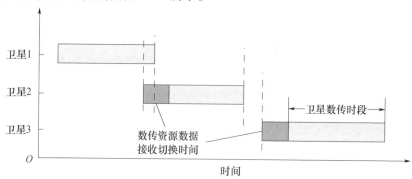

图2-6 多星数传访问冲突示意图

图 2-6 是单个数传资源的多星数传访问冲突示意图,横轴表示数传时间,纵轴区分不同卫星的数传时段。图 2-6 中,由于卫星 1 的数传时段与卫星 2 的数传时段间隔小于数传资源数据接收切换时间而发生数传资源多星访问冲突,卫星 3 的数传时段与卫星 1 和卫星 2 的数传时段均不冲突。

由图 2-6 可知,数传资源接收切换时间可通过预处理的方式加入到卫星数传时段中,规划调度过程中只需考虑数传资源能力约束。在后续规划调度过程中,均假设数传资源接收切换时间已经加入到卫星数传时段中。

2.2.4 优化目标要素

卫星任务规划是一个典型的多目标优化问题。研究人员根据不同的应用场景提出了不同的优化目标,这些优化目标具有一定的共性,归纳起来有如下四类:

1. 任务重要性优化目标

任务重要性优化目标要求在不能满足全部用户对地观测需求的情况下,尽可能完成更多更重要的对地观测任务。任务优先级反映了对地观测任务的重要程度,因此任务重要性优化目标可表示为最大化完成任务的总价值。

2. 任务时效性优化目标

任务时效性优化目标有两层含义:一是要求重要的对地观测任务应当尽可能早地被执行,其数据应该尽可能快地下传到地面,以尽早发挥其应用价值;二是对于带观测时效性要求(见定义 2-4)的任务能够尽可能在截止时限之前执行。

3. 任务完成度优化目标

对于带有目标群观测要求(见定义 2-4)的对地观测需求,如果对于目标群包含的 8 个目标,卫星系统仅对 6 个目标进行了观测,则该目标群观测任务的完成度未达到 100%。同理,对于带有时间分辨率要求(见定义 2-4)的对地观测需求,如果要求"每隔 6h 观测 1 次",而某两次观测之间相隔了 6.5h,则该任务的完成度也未达到 100%。任务完成度优化目标即是使尽量多的对地观测任务的完成度都达到 100%。

4. 资源利用率优化目标

资源利用率优化目标要求卫星系统在完成对地观测任务的前提下,尽量占用或消耗最少的卫星资源。

2.3 对地观测卫星任务规划中的难点与面临的挑战

对地观测卫星任务规划问题与一般规划调度问题相比主要有如下显著的特点：

2.3.1 过载规划特性

过度约束(Over Constrained)是指由于约束过多且存在相互冲突,导致问题没有可行解的情况。这种情况与欠约束(Under Constrained)现象相反,在欠约束情况下,由于变量间的约束不够多,导致问题的可行解不唯一[5]。对地观测卫星资源调度问题属于过度约束的范畴:一方面是由于航天资源的发展速度远远无法满足不同部门的各种应用对卫星观测数据日益增长的需求,各部门对卫星的使用需求总是相对过剩,使得对地观测卫星资源总是处于较为稀缺的状态;另一方面对地观测卫星运行过程中受到各种约束的严格限制,导致过度约束现象的发生。

当然,过度约束是一个相对的概念,如果松弛原问题的某些约束,生成的新问题可能就有了可行解。但对对地观测卫星资源规划调度问题来说,卫星资源与数传资源相关约束均是物理约束,无法松弛。因此,只能松弛所有任务都必须被完成的约束,即放弃部分对地观测任务需求,不过这种松弛通常又会导致欠约束情况的发生。此时需要以某种优化目标来选择可行解,使得规划调度结果是一个最优解或满意解。

Barbulescu 等对这类问题进行了归类,提出了过载规划问题(Oversubscribed Problem)的概念,认为典型的过载规划问题具有如下特点[110]:①参与规划的资源数目稀缺,任务数目一般大于资源的承载能力;②参与规划的任务具有优先级,且一般有可选的动作时间和完成资源;③问题的目标函数通常与任务的优先级相关。现实生活中的很多应用都具有过载规划问题的特点,常见的有太空望远镜规划、对地观测卫星规划、地面站规划、飞机装载规划、太空飞船有效载荷(Space Shuttle Payloads)规划等[25]。显然,对地观测卫星资源调度问题属于过载规划问题的范畴,规划的目的就是从对地观测任务集合中选取一个子集,可满足卫星所有约束条件且综合效益最大。

2.3.2 资源非完全可替代特性

一般调度问题中,一个活动可以由多个可选资源(Alternative Resource)完成。对地观测卫星的资源规划调度问题也具有这个特征。例如,一个特定的对地观测任务既可以由卫星 A 所带的传感器来执行,也可以由卫星 B 所带的传感器来完成;一个特定的卫星既可以向地面站 α 下传数据,也可以向地面站 β 下传数据。但不同之处在于,两颗卫星不可能具有完全相同的轨道,两个地面站也不可能具有完全相同的地理位置,因此对地观测卫星的资源规划调度中,可选资源是不具备完全可替代性的。例如,在给定目标与卫星 A 的某个可见时间窗口内,如果卫星 A 由于种种原因不能执行该观测(如该卫星需要执行另一个对地观测任务,或卫星能量不足),也不能简单地用卫星 B 来替换卫星 A,因为该时刻卫星 B 与该目标可能并不存在可视时间窗。并且,卫星 A 和卫星 B 所携带的传感器性能也不一定完全相同,其载荷类别和分辨率可能存在一定差异。这也导致了资源非完全可替代特性。

2.3.3 不同类别、不同能力卫星统一规划调度

参与任务规划的卫星通常包括敏捷卫星与非敏捷卫星,其搭载的传感器包括可见光、红外、多光谱、高光谱、超广谱、SAR、地表电磁探测等多种类型。不同的卫星有不同的能力,受到不同的轨道、卫星平台、卫星载荷的约束,卫星任务规划系统需要统筹安排各种异构卫星资源,使得观测收益最大化。规划过程表现出典型的多模态、非线性、非凸优化特点。

2.3.4 对地观测需求类型多样

随着对地观测卫星应用水平的深入,人们对卫星观测的要求也越来越高,除了传统的普通观测目标之外,还逐步出现了区域目标覆盖、海洋移动目标搜索与跟踪、目标三维重构(立体成像要求)、目标群观测、态势定期刷新(时间分辨率要求)等复杂观测需求,需要在规划调度中综合考虑这些要素,这也为卫星任务规划带来了新的挑战。

2.3.5 数传模式多样性

卫星与地面站的数据传输存在实传与回放[25]两种方式。实传方式是一种即时数据传输方式,卫星通过观测设备对地面目标进行观测,获得观测数据后直接通过数据传输天线传输到地面数据接收站;实传方式下,卫星需要与地面站和观测目标同时可见,该过程不使用星载存储器。回放方式指卫星首先对观测目标进行观测,获得数据后存储在星载存储器上,当卫星经过指定地面站上

空并与地面站可见时,再从星载存储器将对应数据传输给地面站的方式。回放是一种延时传输方式,但需要占用星载存储器。实传与回放数据传输过程示意图如图2-7所示。

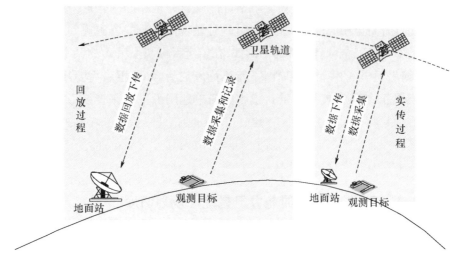

图2-7 实传与回放数据传输过程示意图

实传任务由于具有较高的时效性,一般具有更高的重要性评价值,且采用实传方式能极大地提升实传观测数据的时效性。实传和回放是一对矛盾体,由于卫星进行实传动作,该时段无法进行数据回放,导致暂存于星载存储器中的数据时效性降低,且过多执行实传模式,会导致卫星星载存储器占用容量长期不能得到释放,增加由于星载存储器占满而导致卫星无法继续执行对地观测的风险。因此,实传和回放动作的安排需要根据对地观测任务需求及其分布情况动态决定。

2.3.6 存储器占用和释放

卫星对地观测过程中,观测数据可以首先记录在星载存储器上,在与地面站存在可视时间窗时再将数据传输到地面接收站,通过数据传输释放存储器空间[7]。卫星存储器占用和释放过程与卫星动作间的关系如图2-8所示。

问题的难点在于,用于释放存储资源的数传活动,其传输数据量取决于观测活动安排和卫星存储器的占用,而卫星观测过程中观测哪些任务在进行规划前是不确定的,使得卫星存储器占用和传输过程难以准确预测,从而为问题求解增加了复杂度。

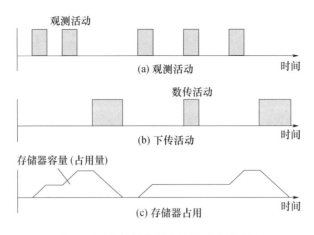

图 2-8 存储器占用和释放过程示意图

2.3.7 调度过程中包含不确定性因素

在对地观测卫星的资源规划调度过程中,存在某些不确定性因素,这些不确定性因素更增加了规划过程的难度。

1. 对地观测任务不确定性

对地观测任务不确定性因素包括新任务随机到达、已提交任务属性变更、任务取消等情况[125]。例如,当一批新任务到达时,需要综合利用已经生成的地面初始规划调度结果,及时对新任务做出处理,统筹协调新到达任务和原有已规划任务,以最大化任务综合效益。

2. 卫星资源动态变化特性

对地观测卫星运行在复杂的空间环境中,可能出现卫星故障而临时失效的情况。通常,失效的卫星只是多颗对地观测卫星资源的一部分,在失效时段内,这部分卫星无法继续执行对地观测任务,这就需要合理统筹安排可用的卫星资源,尽量弥补卫星失效对规划过程造成的影响。当卫星故障恢复后(如自治对地观测卫星星上自主容错恢复成功),应当将已有的卫星资源和新加入的卫星资源统一考虑,以最大化完成用户需求。

3. 针对某些特殊卫星的星载存储器可用容量未知特性[125]

对于以电磁探测卫星为代表的某些特殊卫星,其星载传感器单次开机所获得的数据量与地面电磁环境特性和强度密切相关。地表电磁特性及强度通常是时变和随机的,在卫星任务规划过程中无法获悉星载传感器某次开机的数据获取量,因而也无法估计出某时刻星载存储器可用容量信息。对地观测卫

(如成像卫星)单次开机获取数据量一般仅与开机时长及星载传感器工作模式相关,在地面规划过程中可作为确定性信息加以利用。星载存储器可用容量不确定性因素是电磁探测卫星资源规划调度与一般对地观测卫星规划调度问题最大的区别之一。

2.3.8 优化目标复杂特性

一般的规划调度问题中,优化目标相对简单,如单机调度问题的优化目标通常是单位时间内完成的工件数量最多或完成所有工件的总时间最短。多维背包问题的优化目标只是放入背包的物品价值尽量大。对地观测卫星任务规划问题是一个典型的多目标优化问题,需要同时优化的多个目标函数之间存在潜在竞争性冲突,这更增加了优化计算的难度。在工程实践中,为降低计算复杂度,通常会用加权的方法将多个优化目标转化为单个优化目标,但又引入了另一个具有挑战性的问题,即如何设置各个优化目标的权重。虽然航天专家们根据各自经验找到了能够获得用户满意解的权重向量,但尚未给出各优化目标函数权重设置的明确规则[6]。

第3章 地面集中式卫星任务规划模型与方法

地面集中式卫星任务规划是最常见,也是最传统的卫星任务规划问题,其相关研究工作也最为丰富。该方法假设所有的卫星资源均由同一个运控中心管理,运控中心将卫星看作被动接受安排的资源,对所有卫星资源、数传资源、对地观测任务集合建立统一的数学规划模型,并采用集中式搜索算法进行求解。

严格来说,地面集中式卫星任务规划问题主要包含卫星对地观测任务规划问题和卫星数传活动规划问题两个子问题,前者决定卫星何时采用何种工作模式对哪些目标进行观测,后者决定卫星何时将哪些观测数据下传到哪个地面站。由于卫星载荷设备使用约束以及卫星能量、存储等资源约束的存在,两个问题存在天然的联系。本章在描述地面集中式卫星任务规划问题的基础上,首先,介绍针对这两个子问题的递进式优化策略和整体优化策略及相应的规划方法;其次,将介绍面向区域目标和洋面移动目标等更复杂场景下的卫星观测任务规划方法;最后,将介绍学习型的集中式卫星任务规划方法,该方法能够通过对历史规划方案的在线学习而持续提升优化算法性能。

3.1 问题描述与分析

3.1.1 地面集中式卫星任务规划问题

对地观测卫星通常在近地轨道上绕地球飞行,当卫星飞抵地面目标上方时,星载传感器按照指定工作模式开机,对地面目标完成观测,卫星将观测所得的数据暂存在星载存储器上,当卫星进入地面站可接收范围时,将数据下传到地面(采用实传或回放模式),存储器释放空间。地面集中式卫星任务规划调度问题可描述如下:

(1) 给定规划时段 $w_{\text{schedule}} = [t_B, t_E]$。$t_B$ 是规划起始时间,t_E 是规划结束时

间。所有的规划要素均限定在给定规划时段内。

（2）给定参与规划的卫星集合 SAT。$\forall s \in \text{SAT}, s \equiv \langle \text{MODE}^s, \text{memy}^s, \text{trans}_{i,j}^s, \text{pre}^s, \text{post}^s, \Delta T_m^s, \Delta T_l^s, \Delta T_{lc}^s, \Delta T_{ld}^s, \omega^s \rangle$。其中，$\text{MODE}^s$ 为卫星 s 的对地观测工作模式集合。对于不同类型的卫星，工作模式的含义略有不同。例如，对于光学成像卫星而言，工作模式可认为是卫星对地面目标观测的侧视角；对于 SAR 成像卫星，工作模式是卫星雷达传感器采用的成像模式；对于电磁探测卫星，工作模式是卫星搭载的信号接收机的电磁信号采集模式及参数。memy^s 为卫星 s 的星载存储器容量上限。如果星载存储器容量被占满（也称为星载存储器溢出），则卫星无法通过非实传模式继续执行对地观测任务。$\text{trans}_{i,j}^s$ 是卫星 s 由模式 i 切换到模式 j 的最短模式切换时间，$i,j \in \text{MODE}^s$。pre^s 为卫星 s 的开机准备时间。post^s 为卫星 s 的关机稳定时间。ΔT_m^s 是卫星 s 单次最短开机时长。ΔT_l^s 是卫星 s 单次最长开机时间。ΔT_{lc}^s 是卫星 s 单圈最长累计开机时间。ΔT_{ld}^s 为卫星 s 单天最长累计开机时长。ω^s 为卫星 s 的观测/数传数据比，即卫星 s 对地观测传感器开机工作单位时间内产生的数据与数传载荷开机工作单位时间内下传的数据的比例，ω^s 表征了卫星的数据传输能力。

（3）给定观测目标集合 TARGET。$\forall \text{tar} \in \text{TARGET}, \text{tar} \equiv \langle \text{lon}_{\text{tar}}, \text{lat}_{\text{tar}}, \text{rot}_{\text{tar}} \rangle$。其中，$\text{lon}_{\text{tar}}$ 为目标 tar 的经度，lat_{tar} 为目标 tar 的纬度，rot_{tar} 为目标 tar 要求的观测次数上限。

（4）对观测目标集合 TARGET 进行目标访问时间窗计算，可以得到卫星对地面目标的访问时间窗集合。卫星对地面目标的每一个访问时间窗构成一个规划元任务，组成规划元任务集合，记为 TASK。规划元任务是卫星任务规划的最基本单位。$\forall \text{task} \in \text{TASK}, \text{task} \equiv \langle s_{\text{task}}, \text{mod}_{\text{task}}^s, \psi_{\text{task}}, t_b^{\text{task}}, t_e^{\text{task}}, \text{tar}_{\text{task}}, \text{circle}_{\text{task}} \rangle$。其中，$s_{\text{task}} \in \text{SAT}$，表示执行规划元任务 task 的卫星。$\text{mod}_{\text{task}}^s \in \text{MODE}^s$ 为卫星 s 执行规划元任务 task 所采用的工作模式，$s \in \text{SAT}$。ψ_{task} 为规划元任务 task 的优先级。$[t_b^{\text{task}}, t_e^{\text{task}}]$ 为卫星对规划元任务 task 的访问时间窗，t_b^{task} 为访问起始时间，t_e^{task} 为访问结束时间。$\text{tar}_{\text{task}} \in \text{TARGET}$，表示规划元任务 task 对应的地面目标。$\text{circle}_{\text{task}} \in \mathbb{N}$ 表示当前规划元任务所在的卫星运行轨道圈次。

（5）给定参加规划的数传资源集合 GRD。$\forall \text{gs} \in \text{GRD}, \text{gs} \equiv \langle \text{lon}_{\text{gs}}, \text{lat}_{\text{gs}}, \text{alti}_{\text{gs}}, \text{range}_{\text{gs}} \rangle$。其中，$\text{lon}_{\text{gs}}$ 为地面站 gs 的经度，lat_{gs} 为地面站 gs 的纬度，alti_{gs} 为地面站 gs 的海拔高度，range_{gs} 为地面站 gs 的天线接收范围。

（6）经过卫星对地面站的可见时间窗口计算后，可得到参与规划的数传活动集合 DT。$\forall \text{djob} \in \text{DT}, \text{djob} \equiv \langle s_{\text{djob}}, g_{\text{djob}}, t_{\text{db}}^{\text{djob}}, t_{\text{de}}^{\text{djob}}, \text{livedt}_{\text{djob}} \rangle$。其中，$s_{\text{djob}} \in \text{SAT}$

为参与本次数传的卫星；$g_{djob} \in \text{GRD}$ 为参与本次数传的地面站；$[t_{db}^{djob}, t_{de}^{djob}]$ 为卫星对地面站的数传时间窗；livedt_{djob} 为数传活动 djob 的传输模式，$\text{livedt}_{djob} = 1$ 表示实传模式，否则表示回放模式。在一次数传活动中，下传的数据量通常与数传时间窗口长度（$t_{de}^{djob} - t_{db}^{djob}$）相关。通常，卫星无法在一次数传活动中下传星载存储器中全部数据，从而需要对待下传数据进行挑选。假设卫星能自动挑选高优先级目标观测数据优先下传。

(7) 给定决策变量 x_{task}^s，$\text{xg}_{djob}^{s,g}$，$\text{xgl}_{djob}^{s,g}$。其中，$x_{\text{task}}^s \in \{0,1\}$，$x_{\text{task}}^s = 1$ 表示规划元任务 task 将被卫星 s 执行，否则，不执行；$\text{xg}_{djob}^{s,g} \in \{0,1\}$，$\text{xg}_{djob}^{s,g} = 1$ 表示卫星 s 的数传活动 djob 将被地面站 g 执行，否则，不执行；$\text{xgl}_{djob}^{s,g}$ 是辅助决策变量，当且仅当 $\text{xg}_{djob}^{s,g} = 1$ 时才有意义。$\text{xgl}_{djob}^{s,g} \in \{0,1\}$，$\text{xgl}_{djob}^{s,g} = 1$ 表示卫星 s 的数传活动 djob 将以实传模式被地面站 g 执行，否则，将以回放模式执行。$\text{task} \in \text{TASK}$，$s \in \text{SAT}$，$\text{djob} \in \text{DT}$，$g \in \text{GRD}$。

地面集中式卫星任务规划的目的是寻找合理的决策变量的值，使得卫星对地观测方案能够在满足所有卫星约束的前提下，最大化对地观测收益。

3.1.2 问题调度策略分析

从 3.1.1 节中的决策变量可以看出，x_{task}^s 确定规划元任务是否被执行，而 $\text{xg}_{djob}^{s,g}$，$\text{xgl}_{djob}^{s,g}$ 确定数传活动是否被执行以及以什么模式执行。可见，地面集中式卫星任务规划问题主要包含卫星对地观测任务规划问题和卫星数传活动规划问题，而这两个子问题相互影响，存在一定的耦合关系。卫星执行对地观测任务，将获得的观测数据存储在星载存储器中，星载存储器可用容量降低，当星载存储器被占满时，卫星将无法继续执行对地观测；卫星执行数传活动，将存储器中数据下传到地面站，则星载存储器可用容量恢复。当卫星以实传方式（一边执行对地观测任务，一边执行数传活动）工作时，虽然实传数据不占用卫星存储器可用容量，但星载存储器中已有数据不能在实传模式下被传回地面。统筹考虑这两个子问题，从全局角度搜索问题优化解，可以得到更加优化的计算结果，但计算量较大。相关研究表明，卫星对地观测任务规划问题和数传活动规划问题均具有 NP – Hard 计算复杂度。因此，若统筹规划这两个子问题，计算量将成倍增加，算法收敛速度变慢，且需要处理更加复杂的约束嵌套关系，尤其当问题规模较大时，可能需要较长的计算时间。而实际工程对卫星任务规划算法的计算时间有较为严格的限制，这就要求规划算法能够在相对较短的时间内给出用户相对满意的解决方案。

于是,在解的优化程度和计算量的折中下出现了两种主流方法:一种是针对问题规模相对较大的情况,对卫星观测任务和数传资源分别进行优化,再进行迭代优化,称为递进式优化策略;另一种是针对问题规模相对较小情况下的整体优化方法,即将两个子问题合并考虑,统筹优化,从全局角度搜索问题优化解,称为整体优化策略。后续两节将分别进行介绍。

3.2 基于递进式优化策略的集中式卫星任务规划方法

基于递进式优化策略的集中式卫星任务规划方法采用了"分而治之"的研究策略:首先串行求解卫星观测任务规划和卫星数传活动规划两个子问题;然后研究这两个子问题之间的联系;最后给出整个问题的规划方案。

由上述分析可知,基于递进式优化策略的集中式卫星任务规划方法分为三个规划阶段(图 3-1)。第一阶段为卫星对地观测任务规划阶段,该阶段只考虑与卫星对地观测任务相关的约束和优化目标(假设卫星星载存储器容量无限大,不考虑观测数据下传等因素),这个阶段的规划结果是卫星对地观测方案;第二阶段为卫星数传活动规划阶段,该阶段将参考已经生成的卫星对地观测方案,并对卫星数传资源进行规划,规划结果为卫星数传活动方案,在这一阶段将考虑卫星数传相关的约束;第三阶段将综合考虑对地观测任务规划过程与数传资源规划过程相关性,重点处理卫对地观测与数传活动相关联的约束(如存储器容量约束),采用随机爬山算法与约束传播机制相结合的递进式迭代修复方法对第一阶段生成的卫星对地观测方案和第二阶段生成的卫星数传活动方案进行修正和综合约束处理,最终形成完整的解决方案。

图 3-1 递进式优化策略规划过程示意图

3.2.1 集中式对地观测任务规划方法

1. 基于 CSP 的规划模型及求解方法

考虑到对地观测卫星载荷特点和约束条件,基于问题描述建立约束满足问题(Constraint Satisfaction Problem,CSP)模型。CSP 模型是常见的对地观测任务集中式规划模型。

选用任务重要性优化目标(见 2.2.4 节)作为 CSP 模型的目标函数,可表示为

$$V_{\text{imp}}^{\text{ob}} = \max \sum_{s \in \text{SAT}} \sum_{\text{task} \in \text{TASK}} x_{\text{task}}^{s} \cdot \psi_{\text{task}} \qquad (3-1)$$

式(3-1)表示规划模型应当尽可能完成更多更重要的对地观测任务,使得任务重要性优化目标趋于最大,且需要满足各种约束条件。下面将详细描述:

(C1)卫星单次开机时间约束。每一个规划元任务的开机时间长度必须大于等于单次最短开机时间,小于或等于单次最长关机时间。

$$x_{\text{task}}^{s} \cdot \Delta T_{\text{m}}^{s} \leq x_{\text{task}}^{s} \cdot (t_{\text{e}}^{\text{task}} - t_{\text{b}}^{\text{task}}) \leq x_{\text{task}}^{s} \cdot \Delta T_{\text{l}}^{s}, \forall s \in \text{SAT}, \forall \text{task} \in \text{TASK}$$
$$(3-2)$$

式中:ΔT_{m}^{s} 为卫星 s 单次最短开机时长;ΔT_{l}^{s} 为卫星 s 单次最长开机时长。

(C2)卫星工作模式切换时间约束。对地观测卫星在连续观测两个相邻任务时,需要完成工作模式切换,即卫星需要从执行前一个任务的工作模式切换到执行后一个任务的工作模式。如果同一卫星要执行两个相邻任务,则工作模式切换时间不应小于后一个目标的访问起始时间与前一个目标的访问结束时间之间差(时间间隔)。

$$x_{\text{task1}}^{s} \cdot x_{\text{task2}}^{s} \cdot (t_{\text{b}}^{\text{task2}} - t_{\text{e}}^{\text{task1}} + \text{pre}^{s} + \text{post}^{s}) \leq x_{\text{task1}}^{s} \cdot x_{\text{task2}}^{s} \cdot \text{trans}_{\text{mod}_{\text{task1}}^{s}, \text{mod}_{\text{task2}}^{s}}^{s},$$
$$\forall s \in \text{SAT}, \forall \text{task1}, \text{task2} \in \text{TASK}, t_{\text{b}}^{\text{task2}} > t_{\text{b}}^{\text{task1}}$$
$$(3-3)$$

式中:pre^{s} 为卫星 s 的开机准备时间;post^{s} 为卫星 s 的关机稳定时间;$\text{trans}_{i,j}^{s}$ 为卫星 s 从工作模式 i 切换到工作模式 j 的转换时间。

(C3)传感器单圈最长开机时间约束。在一个轨道圈次内(卫星沿轨道绕地球飞行一圈),卫星传感器累计开机时间不能超过单圈最长开机时间。

$$\sum_{\substack{\text{task} \in \text{TASK} \\ \text{Circle}_{\text{task}} = \text{cirnum}}} x_{\text{task}}^{s} (t_{\text{e}}^{\text{task}} - t_{\text{b}}^{\text{task}} + \text{pre}^{s} + \text{post}^{s}) \leq \Delta T_{\text{lc}}^{s}, \forall s \in \text{SAT}, \forall \text{cirnum} \in \mathbb{N}$$
$$(3-4)$$

式中:ΔT_{lc}^{s} 为卫星 s 单圈最长累计开机时长。

(C4)传感器单天最长开机时间约束。在 24h 内,卫星传感器累计开机时间不能超过单天最长开机时间。

$$\sum_{\text{task}=\text{task\_p}}^{\text{task\_q}} x_{\text{task}}^{s} \cdot (t_{\text{e}}^{\text{task}} - t_{\text{b}}^{\text{task}} + \text{pre}^{s} + \text{post}^{s}) \leq \Delta T_{\text{ld}}^{s}, \qquad (3-5)$$
$$\forall s \in \text{SAT}, t_{\text{e}}^{\text{task\_q}} - t_{\text{b}}^{\text{task\_p}} \leq 24(\text{h}), t_{\text{b}}^{\text{task\_q}} > t_{\text{b}}^{\text{task\_p}}$$

式中：ΔT_{ld}^s 为卫星 s 单天最长累计开机时长。由式(3-5)可知，(C4)将通过滑动时间窗方式检测任意24h内约束条件是否满足。

（C5）规划元任务执行约束。每一个地面目标均有被观测的次数的上限，如果观测次数达到了上限，则继续观测将不产生收益，因此任何目标被观测的次数不能超过这个上限。不同类别的目标对观测次数上限的要求不同，普通的点状目标，观测上限通常定义为1，即只需卫星对该目标观测1次即可完成任务，对于有立体成像要求的目标而言，则观测上限通常为2~4次。

$$\sum_{\substack{\text{task} \in \text{TASK} \\ \text{Tar}_{\text{task}} = \text{tar}}} x_{\text{task}}^s \leq \text{rot}_{\text{tar}}, \forall s \in \text{SAT}, \forall \text{tar} \in \text{TARGET} \quad (3-6)$$

（C6）卫星能力约束。卫星传感器在任意时刻只能执行一个任务。

$$x_{\text{task1}}^s \cdot x_{\text{task2}}^s \cdot (t_b^{\text{task2}} - t_e^{\text{task1}}) \cdot (t_e^{\text{task2}} - t_b^{\text{task1}}) \geq 0, \forall s \in \text{SAT}, \forall \text{task1}, \text{task2} \in \text{TASK} \quad (3-7)$$

显然，基于上述CSP模型的描述，如果只考虑部分约束，对地观测任务集中式规划问题可归约到多维0-1背包问题。依据算法复杂性理论[127]，多维0-1背包问题是经典的NP-Hard问题。目前尚无已知的多项式时间求解方法。遗传算法是模拟自然界生物繁衍、进化过程的启发式算法，已被广泛运用于复杂的函数极值问题、组合优化问题、规划调度问题等的求解[128]。遗传算法具有隐含并行性，对先验知识要求少等特点，而且其邻域搜索特性使得可以在任意时刻终止算法得到问题的近似解集，适合求解对地观测任务集中式规划问题。鉴于此，我们提出基于精英解保持遗传算法的对地观测任务集中式规划算法（Satellites Observation Task Centralized Scheduling Algorithm，SOCSA）。SOCSA主要描述如下：

算法名称：SOCSA

输入：规划元任务 TASK，卫星集合 SAT

输出：卫星对地观测方案 $\{x_{\text{task}}^s\}$，task ∈ TASK，s ∈ SAT

```
begin
1   问题编码,种群初始化,第二种群初始化为空集
2   从种群中选出父代个体 father_1 和 father_2,执行交叉操作,将
    得到的子代个体 offspring_1 和 offspring_2 加入到第二种群
3   如果第二种群个体数量与种群个体数量比值尚未达到交叉概率,
    goto 2。
4   从第二种群中选择个体执行变异操作
```

  5 如果第二种群变异个体数量与第二种群个体数量比值尚未达到变异概率,则 goto 4

  6 利用选择算子从种群及第二种群中选出部分个体形成下一代种群

  7 设置第二种群为空集

  8 获取卫星集合 SAT 中约束参数,对种群中的解进行约束处理

  9 如果尚未达到算法结束条件,goto 2

 10 解码,输出卫星对地观测方案 $\{x^s_{task}\}$,task $\in$ TASK,$s \in$ SAT

end

SOCSA 对问题进行编码,生成若干个体(染色体),每一个个体代表一个可行的卫星对地观测方案,这些个体组成种群。SOCSA 模拟自然界生物进化方式,将交叉、变异、选择算子作用到种群上(父代种群)生成个体组成新的种群(子代种群)。对于进化过程产生的不可行解,SOCSA 将对其进行约束处理(语句8)。SOCSA 为每个个体赋予一个适应值(在 SOCSA 中,任务重要性优化目标 V^{ob}_{imp} 越高,则个体适应值越大),迭代过程中不断保留适应值高的个体(较优化的卫星规划方案),淘汰适应值低的个体,以最终获得满意的规划调度结果。下面将详细介绍 SOCSA 遗传算子设计及约束处理过程。

1) SOCSA 种群编码

SOCSA 问题编码如图 3-2 所示。采用等长二进制编码方式构造染色体,即用|TASK|位扩展二进制编码表示卫星对地观测方案。单个规划元任务编码采用决策向量 $\boldsymbol{x}^s_{task}$ 形式,其中 task $\in$ TASK,$s \in$ SAT。后续的遗传算子操作和适应值计算都针对该问题编码进行。

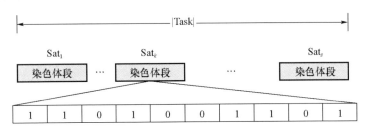

图 3-2 SOCSA 编码示意图

2) SOCSA 交叉算子(Crossover Operator)设计

针对卫星对地观测任务集中式规划问题编码特点,采用多点交叉算子。多点交叉算子在每个卫星的规划元任务序列中选择一个交叉点(Crossover Point)

基因,进行交叉操作,如图3-3所示。父代个体father_1按轮盘赌选取方式得到,各染色体被选中的概率和其适应值大小成正比。father_2采取随机选取方式得到。图3-3中,假定当前染色体包含5个染色体段(5颗卫星的规划元任务序列),对每一个染色体段生成一个交叉点,实现多点交叉操作。

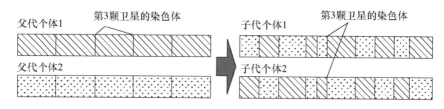

图3-3 SOCSA交叉算子操作示意图

3) SOCSA变异算子(Mute Operator)设计

变异算子采用单点随机变异方式。通过随机邻域搜索的方法改变一个规划元任务的执行状态和执行模式,待变异个体采用随机选择方式产生,变异算子执行过程如图3-4所示。在图3-4(a)中的变异操作使得卫星由不执行变异点(Mutation Point)基因代表的规划元任务变异为执行该任务;而在图3-4(b)中则恰好相反,该变异操作使得卫星由执行该变异点基因代表的规划元任务变异为不执行该任务。

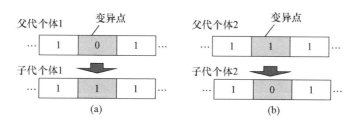

图3-4 SOCSA变异算子操作示意图

种群经交叉算子和变异算子作用后,产生的新个体必然包含不可行解,所以需要进行约束处理。在交叉算子和变异算子中进行的约束处理只考虑约束(C1)、(C2)、(C6),如果当前染色体中有与交叉点(变异点)基因冲突的基因,则取消冲突基因代表的规划元任务。每代种群形成后再对约束(C3)~(C5)进行处理。这样处理的好处在于:

(1)提升需反复调用的交叉、变异算子效率,加快算法运行。

(2)让交叉、变异算子在可行解域及约束(C3)~(C5)下的不可行解域进行搜索,增加搜索范围,增加最优解获取概率。

约束(C3)~(C5)的处理将在"SOCSA 约束处理"一节详细讨论。

4) SOCSA 选择算子(Select Operator)设计

目前,在遗传算法的许多应用中,选择算子都采用了精英解保持机制[128]。精英解保持机制对于增大近似解集与问题最优解的接近程度及保持解集的多样性具有重要作用,其主要有两种实现方式:一种是将父代种群与经过进化操作后新产生的个体一起进行考虑,即进行生存选择,以适应值等信息为依据获得新的下一代种群,而不是直接用新产生个体替换父代种群中个体(图3-5(a));另一种是开辟一块存储空间,在进化种群之外加入一个专门的外部精英解池,用以保存进化过程中获得的具有优势的个体,进化过程中每代产生的最优的 Top N 个个体都将加入其中,并不断更新,使得精英解池中总是保存着到目前为止产生的最优的 Top N 个个体(图3-5(b))。精英解保持机制可以用来解决由于随机性所导致的在优化过程中丢失精英解的问题。

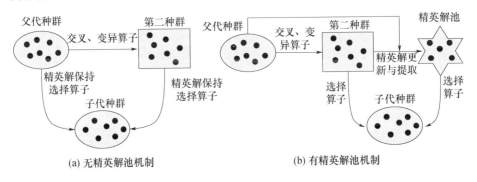

图3-5 精英解保持机制示意图

为了减少 SOCSA 运算过程中维护精英解池的空间及时间代价,增加算法运行速度,SOCSA 中采用了无精英解池的精英解保持机制(图3-5(a)),即设计了精英解保持的轮盘赌选择算子。父代种群中各个染色体被选入到子代种群的概率与其适应值大小成正比,最优秀的若干染色体被作为精英解直接选入到子代种群中。

5) SOCSA 约束处理

在 SOCSA 交叉与变异算子过程中,约束(C1)、(C2)、(C6)已经得到处理,本节主要讨论约束(C3)~(C5)的处理方式。目前,与遗传算法配合使用的最主要的约束修正策略包括罚函数(Penalty Function)方法和解修正(Solution Repair)方法。其中,罚函数法是应用最为广泛的约束修正方法[129]。罚函数法最早应用于数学优化方法的约束处理过程中,其思想是为染色体设计一个惩罚项来评价当前个体对约束违反的程度,并将惩罚项作用到适应值评价函数上。如果当前个体违反约束,则其适应值将降低。从本质上讲,罚函数法通过对不可行解的惩罚将约束优化问题转化为无约束优化问题。

问题解空间包括可行解域和不可行解域两部分(图3-6)。大量研究表明,通常情况下,最优解总是出现在可行解域与不可行解域的边界上。罚函数法的优势在于使搜索过程从可行解域和不可行解域双向逼近优化问题的最优解[128]。在遗传算法的进化过程中,一个不可行解(图3-6中A点)包含的染色体片段信息可能比可行解(图3-6中B点)中的染色体片段信息更接近最优解。

由于罚函数法所特有的双向逼近过程,使得与罚函数法配合的遗传算法能够更快地收敛,且与解修正方法相比,罚函数方法不用反复调用复杂的解修正算法,减少了计算时间。在SOCSA中采用了罚函数法的约束处理方式。

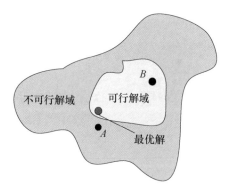

图3-6 可行解域与不可行解域示意图

SOCSA的罚函数设计为将染色体违反约束(C3)~(C5)的总量的相反数乘以相应惩罚系数作为惩罚项,即

$$V_{\text{penalty}} = c_{\text{p}} \cdot \sum_{s \in \text{SAT}} (\omega_1 \cdot \Delta T_{\text{lc\_ex}}^s + \omega_2 \cdot \Delta T_{\text{ld\_ex}}^s + \omega_3 \cdot \Delta x_{\text{rot\_ex}}^s) \quad (3-8)$$

式中:V_{penalty}为惩罚项;$\Delta T_{\text{lc\_ex}}^s$为卫星$s$传感器开机时间在每个轨道圈次超过单圈最长开机时间$\Delta T_{\text{lc}}^s$的时间之和(针对约束(C3));$\Delta T_{\text{ld\_ex}}^s$为卫星$s$在连续24h之内传感器累计开机时间超过$\Delta T_{\text{ld}}$的时间之和(针对约束(C4));$\Delta x_{\text{rot\_ex}}^s$为卫星$s$对目标观测次数超过该目标应被观测次数上限的次数和(针对约束(C5));$c_{\text{p}}(c_{\text{p}}>0)$为惩罚系数;$\omega_1$、$\omega_2$、$\omega_3$均为区间[0,1]的常数,是约束违反量的权重系数,且$\omega_1+\omega_2+\omega_3=1$。

显然,如果染色体没有违反任何约束,则惩罚项为0。附加了惩罚项的

SOCSA 个体适应值评价函数为

$$\text{Fitness} = \begin{cases} 0 & , V_{\text{imp}} - V_{\text{penalty}} < 0 \\ V_{\text{imp}} - V_{\text{penalty}} & ,\text{其他} \end{cases} \quad (3-9)$$

在使用罚函数法进行约束处理的所有应用中,最大的难点在于如何设置相对平衡的惩罚系数[128]。惩罚系数设置过大会造成过度惩罚,算法搜索过程将很难到达不可行解域,即使到达,也会快速跳转到可行解域中进行搜索,算法更易陷入局部最优解,导致进化过程早熟收敛。惩罚系数设置过小,惩罚机制失效,将导致算法搜索过程的大部分时间限于不可行解域中无意义的区域内,使得遗传算法收敛速度变慢,且种群中不可行解数量增加。

惩罚系数的合理取值范围通常与问题特性及任务分布特点有关[128],但在卫星对地观测任务集中式规划问题中,不同规划场景下的规划元任务分布统计特性差异较大,难以找到适应所有情况的惩罚系数[125]。且在遗传算法运行的不同阶段,对于惩罚系数的要求也有所变化。在进化过程起始阶段,要求惩罚系数较小,使得算法能在解空间中更大范围内搜索问题优化解,算法在陷入局部最优解后,同样要求减小惩罚系数,增加算法跳出当前局部最优解的概率;在进化结束阶段,则要求加大惩罚力度,保证种群中个体的可行性。同时,我们也希望算法搜索过程总是在可行解域与不可行解域的边界上进行,以增加获取最优解的概率。如果算法搜索过程长时间位于可行解域中,就需要通过改变当前惩罚系数的方式将搜索过程引导到不可行解域,反之亦然。

基于上述分析,可设计惩罚系数自适应调整的动态罚函数机制(图 3-7)。动态罚函数机制是一种类似负反馈方式的惩罚系数自适应调整机制,在进化过程中算法依据种群当前状态调整惩罚系数,从而控制约束处理步骤中惩罚力度的大小,进而引导种群向预期的方向进化。

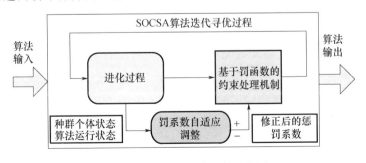

图 3-7 动态罚函数机制示意图

自适应罚系数 $c_p(\lambda)$ 动态变化方式如下:

$$c_p(\lambda+1) = \begin{cases} c_p(\lambda) \cdot \theta_1, & \text{case\#1} \\ c_p(\lambda)/\theta_2, & \text{case\#2} \\ c_{\text{gen}}(\lambda+1), & \text{其他} \end{cases} \quad (3-10)$$

式中:case#1 为当前种群中最优个体已经连续 h 代为不可行解,或最优个体已经连续 h 代没有变化(可能陷入了局部最优解);case#2 为当前种群中最优个体已经连续 h 代为可行解;变化参数 $0<\theta_1,\theta_2<1$,且 $\theta_1\neq\theta_2$(防止循环);$c_{\text{gen}}(\lambda)$ 为进化罚系数(λ 为当前进化代数),其随着 SOCSA 进化迭代过程的进行而不断增加,可表示为

$$c_{\text{gen}}(\lambda+1) = c_p(\lambda) + c_{\text{step}} \quad (3-11)$$

其中:c_{step} 为进化迭代步长,可表示为

$$c_{\text{step}} = \frac{c_{\max} - c_p(0)}{\lambda_{\max}} \quad (3-12)$$

其中:$c_p(0)$ 为初始惩罚系数;$\lambda_{\max}$ 为 SOCSA 最大迭代次数;$c_{\max}$ 为预设惩罚系数上限,$c_{\max}$ 可根据经验估计得到。

2. 基于图的规划模型及求解方法

在早期的一些工作中,部分学者用基于图的模型描述卫星对地观测过程。他们的建模思想:具有横向侧视能力的对地观测卫星按照固定的卫星轨道在空间飞行,在一次任务调度时间段内,某一规划元任务的成像侧视角、成像访问时间是根据相应计算模型严格确定的,因而成像任务相互之间具有时序关系[11-12]。由于成像卫星姿态调整的能力有限,其在成像任务之间的成像动作转换需要满足成像约束条件,因此不同的成像任务之间存在类似连通关系的侧视约束关系。一种直观的想法是将参与任务调度的成像任务看成图中的顶点,顶点按观测起始时间排序。顶点之间的侧视连通关系就可以看作连接各个顶点的边。

对于某颗成像卫星 $\text{sat}(\text{sat}\in \text{SAT})$,在其任务调度时间范围内将每个规划元任务看作图 G_{sat} 的顶点,将规划元任务对应的属性如优先级、工作模式、成像起始时间、访问起始时间、访问结束时间等加入到每个顶点的属性元组中。同时为了便于分析问题,在图中增加两个虚拟顶点 O_S 及 O_T,分别对应某次卫星任务调度的起始顶点和终止顶点,所有顶点构成顶点集合 V_{sat},依据规划元任务的访问时间对顶点进行排序。

定义了图 G_{sat} 中的顶点集合 V_{sat} 后,考虑图的边集 E_{sat}。假设起始顶点 O_S 及

终止顶点O_T和其他所有顶点都具有连接关系(顶点O_S和O_T之间没有连接关系,即没有边相连),根据规划元任务之间是否满足工作模式切换约束(C2)判断顶点之间是否有边相连。如果执行顶点 A 代表的规划元任务后能继续执行顶点 B 代表的观测元任务,则在顶点 A 与 B 之间存在一条边,即$\forall A\in V_{sat}$,有$(O_S,A)\in E_{sat}$,$(A,O_T,)\in E_{sat}$,$(O_S,O_T,)\notin E_{sat}$;且$\forall A,B\in V_{sat}$;如果 A 与 B 之间满足工作模式切换约束,则$(A,B)\in E_{sat}$。这样,如果从起始顶点对每一个顶点判断其与后续其他顶点的连接关系,可以得到边集E_{sat}。由于顶点所代表的规划元任务具有时间序关系,所以图 G_s 中的边都是有向边,且图中不存在回路,这样就可以构造一个时间序有向图 $G_{sat}=(V_{sat},E_{sat})$。于是,从起始顶点 O_S 起,到虚拟终止顶点 O_T 的每一条路径即为卫星 sat 的一个可能的卫星对地观测方案。对地观测任务有向无环图模型示意图如图 3-8 所示。

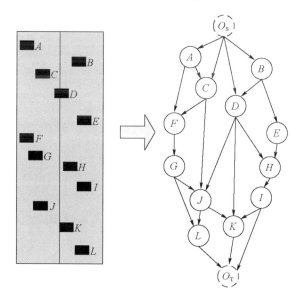

图 3-8 卫星对地观测有向无环图模型示意图

对于多颗对地观测卫星,可以建立多个这样的有向图,这些有向图组成了对地观测有向无环图集合[25],$G=\cup G_{sat}$。

虽然对地观测有向无环图模型可以直观地表现单颗卫星对地观测任务规划问题,但是考虑多颗卫星时,有向图模型会增加问题分析的难度。因为在任务规划时间范围内,不同卫星的对地观测任务集合可能会包含相同的目标,这些包含相同目标的对地观测任务使得有向图 G 中各颗卫星对应的子图之间有公共的顶点,如图 3-9 所示。显然,这种子图间的公共顶点增加了整个问题的复杂度,增加了采用有向图模型分析卫星任务规划问题的难度。卫星对地观测有向无环图模型更适用于单颗卫星的对地观测任务规划问题的描述。

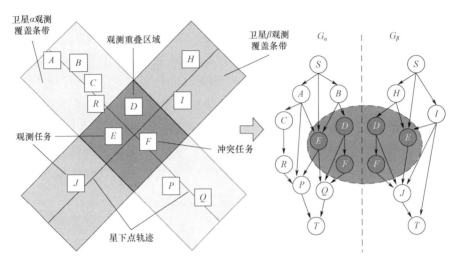

图3-9 多颗卫星对地观测有向无环图模型示意图

依然采用任务重要性优化目标 V_{imp}^{ob} 作为有向无环图的目标函数,在图中需要寻找最长路径(非最短路径),因为最长路径包含了更多、更重要的规划元任务。图最长路径搜索问题是典型的 NP – Hard 问题,较为常用的精确搜索算法是图路径标记更新算法(将在6.2节详细介绍),算法在搜索路径的过程中不断更新路径的多重属性信息,并去掉违反约束((C1),(C3)~(C6))的路径。如果采用元启发式规划算法(如遗传算法)对卫星对地观测有向无环图模型进行求解,则求解方法与3.2.1节介绍的 SOCSA 类似,这里不再赘述。

3.2.2 面向任务的数传资源调度方法

面向任务的数传资源调度是基于递进式优化策略的集中式卫星任务规划过程的第二个阶段。卫星数传资源调度开始之前,卫星对地观测方案已经生成,卫星数传资源调度的目的是为卫星合理分配数传资源,使得卫星能够尽量多、尽量快地将重要的对地观测数据下传到地面中心,并防止卫星星载存储器溢出的情况发生。本节依然延续一贯的问题求解思路,首先给出卫星数传资源调度模型,然后针对建立的模型设计相应的求解算法。

1. 卫星数传资源调度模型

对地观测卫星绕地球飞行,执行对地观测任务,并将数据存储于星载存储器中。当卫星获得数传资源时,卫星将星载存储器中部分数据下传到地面站,完成一次数传活动。一次数传活动所下传数据量与卫星数传应答机传输速率及卫星数传时间(地面站数据接收时间)相关。卫星完成数传活动,星载存储器释放空间(2.3.6节)。本节将建立数传活动冲突时段约束图模型,为了便于描述,首先给出本节将使用的相关概念定义。

(C7)数传资源能力约束。任意时刻,单个数传资源只能对一颗卫星提供数据下传服务。不失一般性,如果一个地面站具有多套独立的数据接收设备,可以看成多个数传资源同址部署。

$$\mathrm{xg}_{\mathrm{djob1}}^{s1,g} \cdot \mathrm{xg}_{\mathrm{djob2}}^{s2,g} \cdot (t_{\mathrm{db}}^{\mathrm{djob2}} - t_{\mathrm{de}}^{\mathrm{djob1}}) \geq 0$$

$$\forall s1, s2 \in \mathrm{SAT}, \forall g \in \mathrm{GRD}, \mathrm{djob1}, \mathrm{djob2} \in \mathrm{DT}, t_{\mathrm{db}}^{\mathrm{djob2}} \geq t_{\mathrm{db}}^{\mathrm{djob1}} \quad (3-13)$$

(C8)卫星数传资源选择约束。同一时刻,若卫星可以通过多个数传资源下传同一批对地观测数据,则卫星只需选择其中之一进行数传。即任意时刻,卫星只需与一个数传资源建立通信链路,并将数据下传到地面。

$$[t_{\mathrm{db}}^{\mathrm{djob1}}, t_{\mathrm{de}}^{\mathrm{djob1}}] \cap [t_{\mathrm{db}}^{\mathrm{djob2}}, t_{\mathrm{de}}^{\mathrm{djob2}}] = \emptyset$$

$$\forall s \in \mathrm{SAT}, \forall g1, g2 \in \mathrm{GRD}, \mathrm{djob1}, \mathrm{djob2} \in \mathrm{DT}, \mathrm{iff}\ \mathrm{xg}_{\mathrm{djob1}}^{s,g1} = \mathrm{xg}_{\mathrm{djob2}}^{s,g2} = 1$$

$$(3-14)$$

(C9)卫星实传场景约束。当卫星采用实传模式进行数传时,该数传活动时间窗必须完整包含某个对地观测规划元任务的时间窗口,该规划元任务的观测数据将由实传方式直接下传到地面站。

$$[t_{\mathrm{b}}^{\mathrm{task}}, t_{\mathrm{e}}^{\mathrm{task}}] \subseteq [t_{\mathrm{db}}^{\mathrm{djob}}, t_{\mathrm{de}}^{\mathrm{djob}}], \forall s \in \mathrm{SAT}, \forall g \in \mathrm{GRD}$$

$$\mathrm{djob} \in \mathrm{DT}, \exists\ \mathrm{task} \in \mathrm{TASK}, \mathrm{iff}\ \mathrm{xg}_{\mathrm{djob}}^{s,g} = 1, \mathrm{xgl}_{\mathrm{djob}}^{s,g} = 1 \quad (3-15)$$

定义 3-1 数传活动时间窗冲突

如果两颗卫星对同一数传资源的数传时间窗重叠(违反(C7)),则称这两个数传活动时间窗冲突。

定义 3-2 数传资源选择冲突

如果一颗卫星可同时利用两个数传资源的时间窗下传数据(违反(C8)),则这两个数传活动数传资源选择冲突。

定义 3-3 数传时间窗冲突时段

某个数传资源的时间窗冲突的最长数传活动序列(简称冲突时段)。

定义 3-4 数传活动链

处于同一个冲突时段中的一个或多个可同时被执行的(不违反(C7))数传

活动按时序排列的序列。

定义 3-5　数传活动链包含关系

对于数传活动链 ξ_1、ξ_2，如果 ξ_1 中包含的所有数传活动均包含于 ξ_2 中，则称 ξ_2 包含 ξ_1，记为 $\xi_1 \subseteq \xi_2$。

时间窗冲突及时间窗冲突时段示意图如图 3-10 所示。A、B、C、D、E 是同一个数传资源与不同卫星的数传活动。其中，横轴表示时间。图 3-10 中各矩形左侧位置表示该数传活动的数传起始时间，矩形右侧位置表示该数传活动的数传结束时间，矩形的长度表示该数传活动的数传持续时间。由图 3-10 可知，A 与 B、B 与 C、C 与 D 均时间窗冲突，E 不与任何数传活动时间窗冲突，$A-B-C-D$ 组成一个冲突时段，E 自成一个冲突时段。同一个数传资源的所有数传活动可划分为若干冲突时段。$A-C$、$A-D$、$B-D$ 分别组成一个数传活动链，A、B、C、D、E 自成一个数传活动链，数传活动链之间的包含关系为 $A,C \subseteq A-C$，$A,D \subseteq A-D$，$B,D \subseteq B-D$。

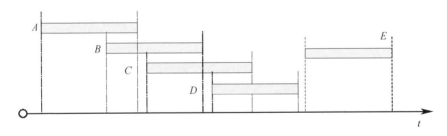

图 3-10　时间窗冲突时段示意图

1）数传资源调度目标函数建立

数传活动的优先级与数传活动中下传的观测数据中包含目标的优先级有关，下传到地面的观测数据包含的高优先级目标越多，则数传活动的优先级越高。显然，在卫星对地观测方案确定的前提下，不同的数传资源规划方案对应的对地观测数据也不同，这将导致数传活动的优先级发生变化，即为数传活动收益变化特性。对于单个数传活动 $\text{djob} \in \text{DT}$，其优先级是需要实时计算的模型变量，其数值与卫星 s_{djob} 本次数传活动开始时的星上存储器中观测数据优先级相关。

结合卫星数传活动规划问题特点，从业务需求角度对数传活动优先级提出如下计算准则：

（1）数据下传重要性优化目标。

$$V_{\text{imp}}^{\text{djob}} = \max \sum_{\text{task} \in \text{Dd(djob)}} \psi_{\text{task}} \tag{3-16}$$

式中:Dd(i)为映射函数,返回在数传活动 i 中下传的观测数据所包含的规划元任务集合,$i \in$ DT。数据下传重要性优化目标表明数传活动中,待下传的数据越重要,该数传活动的优先级越高。

(2)数据下传时效性优化目标。

$$V_{\text{urg}}^{\text{djob}} = \min \sum_{\text{task} \in \text{Dd(djob)}} (t_{\text{db}}^{\text{djob}} - t_{\text{e}}^{\text{task}}) \cdot \psi_{\text{task}} \quad (3-17)$$

数据下传时效性优化目标说明,应当尽早下传具有更高优先级目标的观测数据。

单个数传活动 djob 的优先级(收益)可表示为

$$\text{prty}_{\text{djob}} = \alpha_{\text{imp}}^{\text{dd}} \cdot V_{\text{imp}}^{\text{djob}} - \alpha_{\text{urg}}^{\text{dd}} \cdot V_{\text{urg}}^{\text{djob}} \quad (3-18)$$

式中:$\alpha_{\text{imp}}^{\text{dd}}$,$\alpha_{\text{urg}}^{\text{dd}}$ 为加权系数,权值可由用户设定,或由专家给出。

值得注意的是,卫星采用实传模式和回放模式下传的数据将不同(Dd(djob)函数返回结果不同)。在实传模式下,卫星对地观测传感器和数传载荷同时开机,一边执行观测活动,一边将得到的观测数据下传到地面。在此过程中,卫星星载存储器中的数据无法通过该次数传活动下传到地面;在回放模式下,卫星观测传感器不开机,数传载荷开机,将星载存储器中的数据下传到地面。所以,对于数传活动 djob 而言,采用不同的数传模式,prty$_{\text{djob}}$ 也不相同,数传模式的选择取决于如何将数传资源调度的收益达到最大化。

基于数传活动收益最大化原则,数传资源调度的优化目标函数可表示为

$$V_{\text{imp}}^{\text{dd}} = \max \sum_{\text{djob} \in \text{DT}} \text{prty}_{\text{djob}} \cdot \text{xg}_{\text{djob}}^{s,g} \quad (3-19)$$

2)数传活动冲突时段约束图模型

考虑数传活动时间窗冲突和数传资源选择冲突,可建立数传活动冲突时段约束图(Conflict Section Constraint Graph,CSCG)模型。CSCG 可形式化表示为

$$\text{CSCG} = (V^g, E_1^g, E_2^g)。$$

式中:V^g 为顶点集合,代表数传活动;E_1^g,E_2^g 是边集,代表约束关系,E_1^g 连接的顶点组成一个数传活动链,E_2^g 连接的两个顶点数传资源选择冲突。

图 3-11 为两个数传资源(Resource A,Resource $B \in$ GRD)的 CSCG 示意图。其中,$A1 \sim A8$,$B1 \sim B9 \in$ DT,分别为与数传资源 Resource A 和 Resource B 相关的数传活动。$A1 \sim A8$ 以及 $B1 \sim B9$ 已分别按照数传起始时间排序,并按冲突时段进行了划分(共分为 6 个冲突时段,图 3-11 中简写为"时段")。用虚线框包裹起来的数传活动代表处于同一冲突时段中(如 $A2$ 与 $A3$)。虚线框中有边连接的数传活动组成了一个数传活动链(如 $B5$ 与 $B6$,$\in E_1^g$)。连接不同数传

资源间的数传活动的边代表这两个活动数传资源选择冲突(如 $A2$ 与 $B2$;$A7$ 与 $B8$,$\in E_2^g$)。基于 CSCG,卫星数传资源调度的目的是从不同的冲突时段中选出一个数传活动链,形成一条从 $A1 \sim A8$,以及 $B1 \sim B9$ 的路径(图 3-11 中箭头所示),使得数传资源规划评价值最大(式(3-19))。

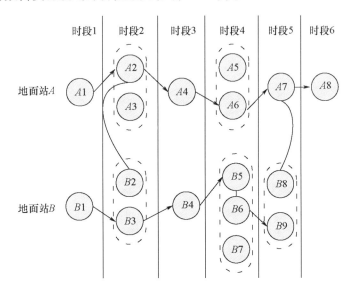

图 3-11 数传活动冲突时段约束图模型示意图

基于数传资源规划评价值计算方法和冲突时段约束图模型,可得到定理 3-1。

定理 3-1:如果两个数传活动链存在包含关系,则执行较长的数传活动链的收益不小于执行较短数传活动链的收益

证明:假定有两个数传活动链 ξ_1、ξ_2,且 $\xi_1 \subseteq \xi_2$。如果 $\xi_1 = \xi_2$,则上述命题显然成立。所以只需证明 $\xi_1 \subset \xi_2$ 的情况。由定义 3-5 可知,若 $\xi_1 \subset \xi_2$,则 $\exists\, djob \in DT$,使得 $djob \notin \xi_1$,且 $djob \in \xi_2$,则执行数传活动链 ξ_2 的收益不低于执行 ξ_1 与执行数传活动 $djob$ 的收益之和。根据数据下传重要性优化目标和数据下传时效性优化目标评价准则可知,执行数传活动 $djob$ 的收益必然大于或等于 0,因此执行数传活动链 ξ_2 的收益不小于执行 ξ_1 的收益。原命题得证。

基于定理 3-1,可对冲突时段中各数传活动链进行精减,以减小算法搜索空间,即对于一个冲突时段中的所有数传活动链,如果两个数传活动链存在包含关系,则删除掉较短的数传活动链。对冲突时段约束图中所有冲突时段执行上述操作,可得精减的冲突时段约束图。后文所指的冲突时段约束图均指精减

的冲突时段约束图。

2. 卫星数传资源调度算法

Barbulescu 等在对美国 AFSCN 地面站网络的通信调度问题研究工作中指出,以最大化卫星数传总时长为目标函数,考虑数传资源能力约束条件的多地面站数传调度问题具有 NP-Hard 计算特性[110]。我们的问题由于考虑了数传活动优先级动态变化特性而变得更加复杂。针对 CSCG 模型,我们提出了基于面向观测任务的卫星数据下行资源调度算法(Observation Task-Oriented Satellite Data Downlink Resources Scheduling Algorithm, TDRSA)。TDRSA 框架与 SOCSA 框架类似,这里不再赘述。TDRSA 进化适应值直接采用数传资源调度的优化目标函数 $V_{\text{imp}}^{\text{dd}}$(式(3-19))。本节将重点介绍问题编码及遗传算子设计方式。

1) TDRSA 种群编码

对于卫星数传活动规划问题,我们采用了等长整数编码方式来表示冲突时段约束图模型 CSCG 各冲突时段。对于 CSCG 中每一个冲突时段 j,对应于一个决策变量 $d_j(d_j \in \mathbb{N})$。如果 $d_j = \alpha$,则在冲突时段 j 中将执行序号为 α 的数传活动链,即对于 $\forall\, \text{djob} \in \alpha, \text{xg}_{\text{djob}}^{s,g} = 1$。此外,$\text{xgl}_{\text{djob}}^{s,g} = 1$,表示该数传活动将采用实传模式执行;否则,采用回放模式。

2) TDRSA 交叉算子设计

TDRSA 交叉算子设计为单点交叉方式。单点交叉算子依适应值大小,以轮盘赌方式随机选择两个父代个体,并随机确定一个交叉点,实现交叉过程(图3-12)。交叉操作完成后将进行约束处理。冲突时段约束图 CSCG 模型中冲突时段的划分及数传活动链的形成保证了数传资源能力约束(C7)的满足,所以只需对卫星数传资源选择约束(C8)进行处理。处理约束(C8)的方法是依据 CSCG 模型中边集 E_2^c 找到数传资源选择冲突的各个数传活动,随机选择一个数传活动执行,并取消其余(与之冲突的)数传活动。

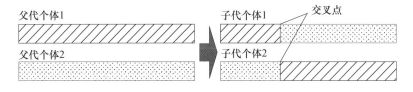

图3-12 TDRSA 交叉算子操作示意图

3) TDRSA 变异算子设计

TDRSA 变异算子采用单点随机变异方式,通过随机邻域搜索的方法改变一个冲突时段中某个数传活动链的执行状态(图3-13)。待变异个体father采用随机选择方式产生。图3-13中灰色区域代表变异的冲突时段(共有1~5个数传活动链备选),变异前,该时段执行数传活动链4,变异后,该时段将执行数传活动链3,同时对数传活动链3包含的数传活动实传/回放模式进行随机调整。对于变异后的个体,除了采用与TDRSA交叉操作类似的约束处理方法对与变异点基因相关的冲突进行处理外,还需要检测实传情景约束(C9),将不满足实传情景约束的数传活动的传输模式修改为回放。

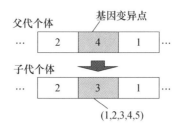

图3-13　TDRSA变异算子操作示意图

4)TDRSA选择算子设计

TDRSA选择算子设计为与SOCSA类似的精英解保持的轮盘赌选择算子。父代种群中各个染色体被选入到子代种群的概率与其适应值大小成正比。最优秀的若干染色体被作为精英解直接选入到子代种群中。

5)TDRSA约束处理

得益于数传活动冲突时段约束图模型,TDRSA迭代过程中产生的不可行解在交叉、变异算子中即可被修正为可行解。于是,TDRSA不需要专门的约束处理算法。

3.2.3　两阶段规划结果递进式迭代修复机制

前两个阶段分别对卫星对地观测任务规划问题与数传资源规划问题进行了处理,从本质上讲,是通过多阶段规划寻找局部最优的过程。但各个阶段最优规划方案的叠加不一定就是全局最优的规划方案,且前两个阶段的规划过程均没有考虑卫星存储器容量约束。如果某颗卫星存储器被占满,则其在进行数传活动之前,无法继续执行对地观测任务。卫星存储器容量约束描述如下:

(C10)卫星存储器容量约束。任意时刻,卫星星载存储器占用量不能高于存储器最大容量。

$$\sum_{\substack{\text{task} \in \text{TASK}, s_{\text{task}} = s \\ t_{\text{e}}^{\text{task}} \leqslant t}} (t_{\text{e}}^{\text{task}} - t_{\text{b}}^{\text{task}}) - \sum_{\substack{\text{djob} \in \text{DT}, s_{\text{djob}} = s \\ t_{\text{de}}^{\text{djob}} \leqslant t}} (t_{\text{de}}^{\text{djob}} - t_{\text{db}}^{\text{djob}}) \leqslant \text{memy}^s$$

$$\forall t \in [t_{\text{B}}, t_{\text{E}}], \forall s \in \text{SAT} \qquad (3-20)$$

所以,作为递进式优化策略的集中式任务规划过程的第三阶段,规划结果递进式迭代修复机制将综合考虑卫星和数传资源相关的所有约束和优化目标,对前两个阶段形成的卫星对地观测方案和卫星数传资源调度方案进行约束处理,从而形成完整的卫星任务规划方案。

造成递进式优化策略下卫星任务规划方案难以获得全局最优的根本原因是分而治之的三阶段调度策略。但为了在有限的时间内给出问题满意解,牺牲一部分优化性是在所难免的。卫星存储器容量约束(C10)的存在是导致规划结果优化性下降的最直接原因,如果盲目地删除违反存储器容量约束的那些规划元任务,就导致卫星任务规划方案优化性降低。

对地观测卫星资源规划结果递进式迭代修复机制的思想是通过启发式策略对卫星存储器容量约束(C10)进行修正。该机制首先删除优先级较低且观测时间较长的对地观测任务,直至卫星任务规划方案不再违反所有约束,然后补入一些优先级较高且观测时间相对较短的对地观测任务,直至有约束被违反。如此反复若干次,即可确定最终的对地观测方案。

3.3 基于整体优化策略的集中式卫星任务规划方法

分而治之的策略是基于递进式优化的核心思想,其将卫星任务集中式规划问题转化为三个子问题,有效降低了问题求解复杂度,使得能够在可接受的计算时间内获得用户满意解。但是,由于对约束的割裂处理,难以保证算法从全局角度搜索问题优化解。例如,在卫星对地观测任务规划阶段,只考虑安排更多的高优先级观测任务,却不理会星载存储器是否溢出,以及这些任务的观测数据将在何时下传到地面;而在数传资源调度阶段,不能根据数传资源调度结果反向对卫星对地观测任务规划方案进行调整。在极端情况下,可能出现某个目标很早即被观测,但很晚才进行下传的,该任务观测数据长期占用卫星星载存储器,增加了存储器溢出的风险,不能令任务时效性指标提升。

近年来,随着计算能力的大幅增加,基于整体优化策略的集中式任务规划方法受到了越来越多的关注。该方法统一考虑观测过程与数传过程,从全局优化角度寻找更加合理的问题解,虽然目前还很少应用于工程实际,但对于从理论上分析卫星任务规划问题的优化上界有着重要作用。在可预见的将来,随着硬件计算能力的进一步增强,该方法将具有较好的应用前景。本节将介绍基于整体优化策略的集中式卫星任务规划方法。

3.3.1 基于整体优化策略的卫星任务规划模型建立

对于整体优化策略的卫星任务规划问题,依然建立 CSP 模型来对其进行描述。在递进式优化策略下,任务重要性优化目标在卫星对地观测任务规划阶段考虑,而任务时效性优化目标在卫星数传资源调度阶段考虑。而在整体优化策略下,将同时考虑上述两个优化目标。

任务重要性优化目标:

$$V_{\text{imp}}^{\text{wh}} = \max \sum_{s \in \text{SAT}} \sum_{\text{task} \in \text{TASK}} x_{\text{task}}^s \psi_{\text{task}} \text{down}(\text{task}) \quad (3-21)$$

式中:down(task)函数用于判断 task 的观测数据是否能在规划结束时间之前被下传到地面,若可以,则 down(task) = 1;否则,down(task) = 0。

显然,式(3-21)与式(3-1)相比,规划模型不仅要求卫星尽可能完成更多更重要的对地观测任务,且这些观测任务数据必须被下传到地面。

任务时效性优化目标:

$$V_{\text{urg}}^{\text{wh}} = \max \sum_{s \in \text{SAT}} \sum_{\text{task} \in \text{TASK}} x_{\text{task}}^s \psi_{\text{task}} (t_E - t_{\text{task}}^{\text{down}}) \quad (3-22)$$

式中:$t_{\text{task}}^{\text{down}}$ 为观测任务 task 的数据下传时间,可根据数传资源调度结果计算得出。任务时效性优化目标要求所有较为重要的任务数据尽量早传回地面。

基于整体优化策略的卫星任务规划优化目标函数可采用上述两个指标的加权和形式,即

$$V_{\text{wh}} = \alpha_{\text{imp}}^{\text{wh}} V_{\text{imp}}^{\text{wh}} + \alpha_{\text{urg}}^{\text{wh}} V_{\text{urg}}^{\text{wh}} \quad (3-23)$$

式中:$\alpha_{\text{imp}}^{\text{wh}}$,$\alpha_{\text{urg}}^{\text{wh}}$ 为加权系数,权值可由用户设定,或由专家给出。

在基于整体优化策略的卫星任务规划 CSP 模型中,规划过程需要满足约束(C1)~(C10)(公式详见 3.2 节),这里不再赘述。

3.3.2 基于整体优化策略的卫星任务规划算法

在本节,提出基于精英解保持遗传算法的卫星任务集中式规划算法(Earth Observation Satellites Scheduling Algorithm with Data Downlink,SSADD)。算法框架与 3.2.1 节介绍的 SOCSA 类似,这里不再赘述。下面将详细介绍 SSADD 遗

传算子设计及约束处理过程。

1. SSADD 种群编码

SSADD 需要同时规划对地观测任务和数传资源,可采用等长扩展二进制混合编码方式构造染色体。染色体编码的前半部分(前码)采用按不同卫星规划元任务决策变量进行二进制编码;编码的后半部分(后码)采用按不同数传资源的数传活动排列的扩展二进制编码方式。如图 3-14 所示,前码用决策变量 x_{task}^s 进行编码,后码用决策变量组合 $\{xg_{\text{djob}}^{s,g}, xgl_{\text{djob}}^{s,g}\}$ 进行编码。

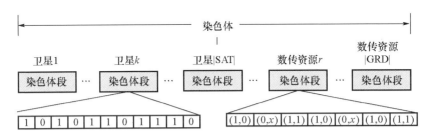

图 3-14 SSADD 染色体编码示意图

2. SSADD 交叉算子设计

我们采用限制位置的多点交叉算子对 SSADD 种群中个体进行交叉操作。从每颗卫星的对地观测规划元任务序列中选择若干个交叉点基因,并在数传活动序列中选择若干个交叉点基因,进行交叉操作,如图 3-15 所示。父代个体 father_1 按轮盘赌选取方式得到,各染色体被选中的概率和其适应值大小成正比。father_2 采取随机选取方式得到。图 3-15 中假定当前染色体包含三个前码染色体段(三颗卫星规划元任务序列)和两个后码染色体段(两个数传资源的数传活动序列)对每一个前码染色体段和后码染色体段各生成若干个交叉点,实现多点交叉操作。

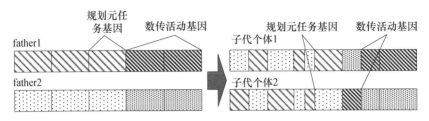

图 3-15 SSADD 算法交叉算子操作示意图

3. SSADD 变异算子设计

在变异算子设计中,采用限制位置的多点变异算子对种群中个体进行变异操作。对染色体的前码和后码各选择一个基因作为变异基因：对于前码基因，只需要反转决策变量即可；对于后码基因，除了反转该基因代表的该数传活动是否执行的决策变量外，还需要随机指派该基因的数传模式（实传、回放），但必须满足卫星实传场景约束（C9）的限制。

4. SSADD 选择算子设计

SSADD 选择算子采用与 SOCSA 选择算子类似的精英解保持机制，详细可参考 3.2.1 节，这里不再赘述。

5. SSADD 算法约束处理

在 SSADD 交叉算子和变异算子的操作中将会产生不可行解。约束（C1）、（C2）、（C5）~（C9）可以在交叉、变异算子操作后进行约束修正（直接取消违反约束的规划元任务或数传活动），本节主要讨论约束（C3）、（C4）和（C10）的处理方式。在 SOCSA 中，采用了罚函数的约束处理方式。但 SSADD 中解空间更大，采用罚函数方法效率相对较低，且更加容易陷入局部最优解。于是在 SSADD 中，采用基于解修正方法的约束处理方法。解修正方法的核心是设计相应的约束修正算法。约束修正算法对当前不可行解进行约束修正，将不可行解转化为可行解。在约束修正算法设计合理、修正算法运行代价较小的情况下，相较于罚函数方法，解修正方法通常能取得较好的结果[129]。针对约束（C3）、（C4）和（C10），设计了基于随机贪婪思想的约束修正算法。

算法名称：SolutionRepair4SSADD

输入：待约束修正的染色体 chrom

输出：约束修正后的染色体 chrom

---

begin

1　　while CheckCircleConstraint(chrom_pre) == false

2　　　　$Task\_Set_{circle}^{s}$ = FindCircleTask(chrom_pre)

3　　　　随机挑选 $Task\_Set_{circle}^{s}$ 集合中任务 k　　//优先级低、下传时间晚的任务被选中的概率更大

4　　　　set $x_k^s = 0$　　　//取消该任务的执行

5　　end while　　　　　　　　//检测并修正约束（C3）

6　　while CheckDayConstraint(chrom_pre) == false

7　　　　$Task\_Set_{day\_span}^{s}$ = FindDaySpanTask(chrom_pre)

8　　　随机挑选 Task_Set$_{day\_span}^s$ 集合中任务 k　　//优先级低、下传时间晚的任务被选中的概率更大

9　　　set $x_k^s = 0$　　　//取消该任务的执行

10　end while　　　　　　　　//检测并修正约束(C4)

11　while CheckMOverflowConstraint(chrom) = = false

12　　　Task_Set$_{overflow}^s$ = FindOverflowTask(chrom)

13　　　随机挑选 Task_Set$_{overflow}^s$ 集合中任务 k　//优先级低、下传时间晚的任务被选中的概率更大

14　　　set $x_k^s = 0$　　　//取消该任务的执行

15　end while　　　　　　　　//检测并修正约束(C10)

end

约束修正算法中，chrom_pre 是指染色体 chrom 的前码和后码部分。语句 1~5 检测并修正约束(C3)，函数 CheckCircleConstraint( )检测染色体是否违反约束传感器单圈最长开机时间约束(C3)(违反约束(C3)，则函数返回 false)；FindCircleTask( )返回违反约束(C3)的第一个圈次的所有规划元任务集合，算法随机选择该圈次一个任务(挑选任务的策略是优先级低、下传时间晚的任务被选中的概率更大)，并将其取消，直到约束(C3)不再被违反为止。语句 6~10 检测并修正传感器单天最长开机时间约束(C4)，约束(C4)的检测修正过程与约束(C3)类似，函数 CheckDayConstraint( )检测染色体是否违反约束(C4)(违反约束(C4)，则函数返回 false)；FindDaySpanTask( )返回违反约束(C4)的第一个 24h 内的所有规划元任务集合。语句 11~15 负责检测并修正卫星存储器容量约束(C10)。其中，函数 CheckMOverflowConstraint(chrom)检查卫星星载存储器是否会发生溢出(违反约束(C10)，则返回 false)，若溢出，则 FindOverflowTask(chrom)函数返回第一段导致星载存储器溢出的任务集合，后续处理方式与(C3)、(C4)的约束处理方式类似。

显然，约束修正算法 SolutionRepair4SSADD 的时间复杂度为 $O(n^2)$，是一种多项式时间算法。

3.4　面向复杂观测任务的卫星资源规划方法

上述两节介绍了集中式任务规划的两大类方法，其基本理论和方法主要源

于对静止点目标进行观测的实践,为将这类型方法进一步推广使用,本节将重点讨论针对两类特殊目标的卫星观测任务规划方法,即面向区域目标与移动目标的卫星任务规划方法。

3.4.1 面向区域目标的任务规划方法

按照星载传感器视场与观测目标面积的相对大小关系,观测目标可分为点目标和区域目标两类:点目标相对星载传感器的幅宽较小,通常是一个较小的圆形或矩形区域,能够完全被单颗卫星单次观测的视场所覆盖,如机场、港口等设施;区域目标通常是一个多边形区域,相对星载传感器的幅宽较大,无法完全被星载传感器单景或单张条带覆盖,需要多次观测才能将其完全覆盖。对于成像卫星而言,区域目标的图像通常是多张卫星照片拼合在一起形成的。面对此类区域目标的成像请求,如何缩短区域目标图像数据的获取、处理到利用的时间,使遥感信息能及时为相关部门提供决策支持,成为急需解决的问题。

经典的面向区域目标的任务规划方法普遍采取"先分解,后调度"两步走策略,即在调度时一般将整个任务调度问题分解为区域目标分解及卫星观测任务规划两个子问题。其中:区域目标分解指的是将区域目标划分成多个可被星载传感器完全覆盖的子区域(条带),并确定卫星访问子区域的每个时间窗口内卫星载荷的工作参数(开关机时间、卫星侧摆角度等);卫星观测任务规划指的是在区域目标分解的基础上,对含多种约束的区域目标观测调度组合优化问题进行建模,并优化求解。

面向区域目标的任务规划问题与面向点目标的对地观测卫星规划调度问题相比,具有如下特点:

(1)需考虑目标的几何特性。

在区域目标观测调度问题中,由于区域目标在空间覆盖上一般大于星载传感器的对地视场,故不能将其抽象成一个点,而必须考虑区域目标的几何特性和星载传感器对地覆盖区域的几何特性(不同类型传感器的对地成像覆盖的几何特性一般不同)。在此基础上,进一步基于观测覆盖率描述区域任务完成率,以设计合理的卫星观测收益的评价方法。

(2)需考虑成像任务的可分性。

在点目标成像调度中,星载传感器可在短时间(几秒)内完全覆盖目标,故一般假设点目标观测是原子不可分的。对于区域目标,由于无法在一个时间窗口内(卫星对目标的一次访问)被星载传感器完全覆盖,因此需要卫星进行多次观测或调度多颗卫星进行协同观测才能获取区域目标的全部数据。一般而言，区域目标的观测任务通常需要分解成多个子任务，由卫星分多次或者分解给多颗卫星合作完成。

(3)需考虑观测的部分满足特点。

在点目标调度问题中，每个点目标的观测需求只存在满足和不满足两种候选状态。然而，对于区域目标，在这两种状态之外还存在着部分满足的情况，即卫星在规划起止时间内只能完成对区域目标局部的观测。上述情况使得在构建区域目标观测调度模型时需要针对观测任务的完成情况设计专门的评价准则。

1. 区域目标分解算法

区域目标分解是将卫星在单个访问时间窗口内无法覆盖观测的区域观测任务依卫星的访问时间窗口进行分解，在每个时间窗口构造一组候选的传感器观测条带。考虑到区域目标分解与卫星对地覆盖参数紧密相关，本节针对星载传感器的覆盖特点，提出带时间标记的观测条带数据模型，并给出了约束可满足的区域目标分解算法(Constraint Satisfied Polygon Cutting Algorithm, CSPCA)。

1) 带时间标记的观测条带数据模型

观测条带是区域目标分解操作的基本对象，指传感器在一段开机时间内对地覆盖的区域。

定义 3-6 带时间标记的覆盖区域边界(Time-labeled Boundary, TBoundary)

覆盖区域边界(Boundary)描述了传感器对地覆盖区域的位置信息和覆盖范围大小，通常对应一个经纬度坐标点序列。带时间标记的覆盖区域边界 TBoundary 对应一个带时间标记的经纬度坐标点序列，记为 TBoundary = (TPoint$_1$, …, TPoint$_M$)，其中 TPoint 表示一个带时间标记的覆盖区域边界点，定义为(Latitude, Longitude, TimeLabel)，分别表示边界点的纬度、经度、覆盖(观测)时间。

定义 3-7 带时间标记的观测条带(TStrip)

观测条带是星载传感器在一段开机时间内对地覆盖观测的矩形条带状区域。

观测条带用七元组抽象表示为 TStrip ≡ ⟨strip_ID, AreaTar, sat, t_b^{task}, t_e^{task}, angle, boundary⟩。其中，strip_ID 是观测条带的标识，AreaTar 是观测条带对应的区域目标标识，sat 是执行该观测活动的卫星的标识，t_b^{task} 和 t_e^{task} 分别是观测条带对应星载传感器工作时段的开机时间和关机时间，angle 是卫星执行相应观测活动采用的观测角度，boundary 是观测条带对应的覆盖区域边界。

对于 TStrip，可对其进行如下基本操作：

（1）提前/延迟开机时间。对 t_b^{task} 赋值，更新 TBoundary 中的对应的 TPoint 的 TimeLabel、Latitude 和 Longitude 属性。

（2）提前/延迟关机时间。对 t_e^{task} 赋值，更新 TBoundary 中的对应的 TPoint 的 TimeLabel、Latitude 和 Longitude 属性。

（3）覆盖关系判断。将观测条带和给定的区域对象 Polygon 做空间交运算（判断两个区域是否重叠）。若运算结果为空，则返回 0；若运算结果不为空，则返回 1。

观测条带在时间上的长度取决于关机时间与开机时间之间的差，操作（1）、（2）通过提前/延迟开机时间与关机时间来实现某些场景下对观测条带长度的修正。区域目标分解构造的候选观测条带有时不能满足卫星的观测约束，例如在区域目标范围很大时，观测条带长度可能违反传感器最长开机时间约束（C1）。此时，可考虑通过操作（1）或（2）对观测条带进行修正以满足卫星观测约束。操作（3）主要用于计算观测条带与待观测区域的覆盖情况，其可作为任务规划时决策该条带是否被执行的重要依据。

在给出 TStrip 的定义后，下面介绍基于 TStrip 的约束可满足的区域目标分解算法。

2）约束可满足的区域目标分解算法

为将区域目标分解为候选成像条带（规划元任务），本节基于单个卫星对区域目标的访问时间窗，采用观测角度离散化的策略，在卫星最大观测覆盖范围内构造不同观测角度的观测条带。

为便于描述，首先定义如下符号：

（1）区域目标集合 ATARGET = $\{AreaTar_1, AreaTar_2, \cdots, AreaTar_{N_p}\}$，其中 N_p 为区域目标总数。

（2）卫星的侧视角度 β，卫星侧视范围 $(\beta_{min}, \beta_{max})$。若卫星不具有侧视能力，则 $\beta = 0$。

（3）卫星 sat_i 的侧视角度增量 $\Delta\beta_i$。

（4）卫星 sat_i 对区域目标 $AreaTar_j$ 的时间窗口集合 $T_{ij} = \{t_1, t_2, \cdots, t_{N_{ij}}\}$。

（5）设任务规划时段内，卫星 sat_i 对区域目标 $AreaTar_j$ 的时间窗口数量为 N_{ij}，卫星 sat_i 在第 k 个时间窗口内对任务 $AreaTar_j$ 进行分解，得到成像条带数量为 N_{ijk}，$strip_{ijkv}$ 表示卫星 sat_i 在第 k 个时间窗口内对区域目标 $AreaTar_j$ 进行分解得

到的第 v 个成像条带。记区域目标AreaTar$_j$依据卫星sat$_i$的第 k 个时间窗口分解的成像条带集合$I_{ijk} = \{\text{strip}_{ijk1}, \text{strip}_{ijk2}, \cdots, \text{strip}_{ijkN_{ijk}}\}$,其中 $k \in [1, N_{ij}]$。则卫星sat$_i$对区域目标AreaTar$_j$的所有观测条带集合为$I_{ij} = \{I_{ij1}, I_{ij2}, \cdots, I_{ijN_{ij}}\}$;区域目标AreaTar$_j$的观测条带集合为$I_j = \{I_{1j}, I_{2j}, \cdots, I_{N_S j}\}$,其中 N_S 为参与规划的卫星数量。

当采用多颗卫星观测多个区域目标时,约束可满足的区域目标分解算法(CSPCA)可获得相应的候选观测条带。CSPCA 将针对每一颗卫星对每一个区域目标进行观测条带分解。以卫星 sat$_i$ 对区域目标 AreaTar$_j$ 的观测条带计算为例,其基本流程:首先计算 sat$_i$ 对区域目标 AreaTar$_j$ 的目标访问时间窗,其次针对每一个时间窗,根据侧视角度的大小关系和空间覆盖关系计算观测条带空间位置(边界定点坐标)和时间区间(观测条带起始和结束时间),最后合并所有时间窗的结果形成卫星 sat$_i$ 对区域目标 AreaTar$_j$ 的观测条带。同理,计算所有卫星对所有区域目标的观测条带,即可获得约束可满足的区域目标分解算法的计算结果。

其伪代码如下:

算法名称:CSPCA

输入:卫星集合 SAT,区域目标集合 ATARGET,规划起始与结束时间范围 $[t_B, t_E]$

输出:观测条带集合 IS

```
begin
1   for j ←1 to Np
2     for i← 1 to Ns
3       T_ij←ComputeTimeWindow( sat_i, AreaTar_j, t_B, t_E )    //计算卫星
        对区域目标的时间窗口
4       for k←1 to N_{T_ij}
5         β←0 ;
6         while β < β_max
7           β←β + Δβ
8           strip_ijkv . TimeLabelCoords ← ComputeStripCoordinate ( sat_i,
            AreaTar_j, β)    //计算观测条带边界顶点坐标
```

9        $strip_{ijkv} \cdot t_b^{task}, strip_{ijkv} \cdot t_e^{task} \leftarrow ComputeAccess(sat_i, strip_{ijkv} \cdot Coords)$

         //计算观测条带的起始和结束时间

10       $I_{ijk} \leftarrow I_{ijk} \cup \{strip_{ijkv}\}$

11   **end while**

12       $\beta \leftarrow 0$;

13   **while** $\beta > \beta_{min}$

14       $\beta \leftarrow \beta - \Delta\beta$

15       $strip_{ijkv} \cdot TimeLabelCoords \leftarrow ComputeStripCoordinate(sat_i, AreaTar_j, \beta)$

16       $strip_{ijkv} \cdot t_b^{task}, strip_{ijkv} \cdot t_e^{task} \leftarrow ComputeAccess(sat_i, strip_{ijkv} \cdot Coords)$

17       $I_{ijk} \leftarrow I_{ijk} \cup \{strip_{ijkv}\}$

18   **end while**

19    $I_{ij} \leftarrow I_{ij} \cup \{I_{ijk}\}$

20   **end for**

21   $I_j \leftarrow I_j \cup \{I_{ij}\}$

22 **end for**

23 $IS \leftarrow \bigcup_{j=1}^{Np} I_j$

end

---

2. 多星区域目标成像调度问题建模和求解

在上述约束可满足的区域目标分解基础上,本节给出多星区域目标成像调度问题的建模和求解方案。与点目标观测调度问题类似,区域目标观测调度问题仍然可以采用 CSP 模型进行建模。不过,鉴于针对区域目标的观测任务通常只能被部分满足的实际,有必要针对区域目标观测的特点和规律改造其 CSP 模型的目标函数。针对多星区域成像调度的特性,本节提出基于局部收益的优化目标函数,首先对局部收益准则进行描述,其次给出任务重要性优化、任务时效性优化两个评价准则的目标函数定义,最后给出综合评价值的计算方法。

1)区域目标观测局部收益准则

因为星载传感器的观测覆盖范围是有限的,所以在一个时间窗内卫星仅能对区域目标的局部进行观测。在规划时间内区域目标观测任务可能仅部分可被满足,可能出现以下两种规划结果。

结果1:20个区域目标观测任务在限定的规划时间内均完成了50%的成像覆盖。

结果2:20个区域目标观测任务在限定的规划时间内,10个任务的完成率达到80%,10个任务的完成率仅为20%。

通常,结果2更接近实际成像调度的目标,因为其中有一半的区域成像目标获得了较高的成像覆盖率。为了更好地描述区域目标的观测收益,假设区域目标内部的收益是均匀的,此时区域目标内部的收益与该区域被观测条带覆盖的面积成正比例关系。定义区域目标$AreaTar_j$的局部收益函数为

$$PartialReward(AreaTar_j) = P(Cov_{AreaTar_j}, \varepsilon, \delta) \quad (3-24)$$

式中:$Cov_{AreaTar_j}$为区域目标$AreaTar_j$总观测覆盖率,其在数值上等于所有能够对区域目标$AreaTar_j$进行观测的条带求并之后与区域目标所对应多边形的面积比;$P(Cov_{AreaTar_j}, \varepsilon, \delta)$为收益系数,其计算公式为

$$P(Cov_{AreaTar_j}, \varepsilon, \delta) = \begin{cases} \dfrac{\delta}{\varepsilon} Cov_{AreaTar_j}, & \varepsilon, \delta \in (0,1), Cov_{AreaTar_j} \leqslant \varepsilon \\ \dfrac{1-\delta}{1-\varepsilon}(Cov_{AreaTar_j} - \varepsilon) + \delta, & \varepsilon, \delta \in (0,1), Cov_{AreaTar_j} > \varepsilon \\ Cov_{AreaTar_j}, & \varepsilon = \delta = 0 \end{cases}$$

$$(3-25)$$

分析式(3-25)可以发现,当卫星观测任务完成率(覆盖率)高于阈值ε时,通过设置参数ε,δ可使对区域目标$AreaTar_j$的观测获得$\dfrac{\delta}{\varepsilon} - 1$倍的额外增益;当$\varepsilon = \delta = 0$时,观测收益完全取决于覆盖率$Cov_{AreaTar_j}$。对于结果1和结果2,使用$\varepsilon, \delta \in (0,1)$计算得到的局部收益更符合实际观测调度的目标。图3-16给出了收益系数与覆盖率的关系。

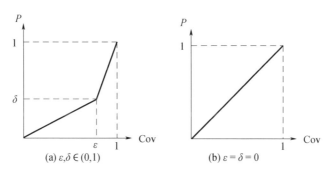

图3-16 区域目标收益系数与覆盖率的映射关系

2) 区域目标观测任务规划综合评价值

本节依然采用任务重要性优化目标作为优化的目标函数。与针对点目标的任务重要性优化目标函数不同，区域目标还需要考虑区域目标覆盖观测程度，其由 PartialReward( ) 保证。因此，任务重要性优化目标定义为

$$V_{imp} = \max \sum_{j \in TARGET} \psi_{AreaTar_j} \cdot PartialReward(Cov_{AreaTar_j}) \quad (3-26)$$

式中：$\psi_{AreaTar_j}$ 为区域目标 $AreaTar_j$ 的重要性权值。

3) 区域目标观测任务规划计算方法

经过 CSPCA 后，区域目标被分解为多个观测条带，每一个观测条带即为一个规划元任务，于是区域目标观测任务规划问题转化为带关联的多个点目标的任务规划问题。区域目标观测任务规划算法可采用与 3.2.1 节介绍的 SOCSA 类似的算法框架和算子，这里不再赘述。

3.4.2 面向洋面移动目标的任务规划方法

本章前述内容均是围绕空间位置固定的卫星观测任务调度问题展开的；此外，卫星对于移动目标的观测调度问题也非常值得关注。由于目标运动区域地理环境的复杂性、目标运动轨迹的不确定性、任务的高时效性要求和卫星平台观测设备的不完善性，移动目标卫星观测问题较静止目标卫星观测调度更为复杂，直接采用针对静止观测任务的规划流程和处理机制难以有效解决移动目标卫星任务规划问题，需要研究特殊的规划机制和求解算法。

面向移动目标的卫星任务规划通常分为搜索发现和接力观测两个处理环节。移动目标卫星任务规划问题求解的重点和难点在于如何结合相关信息对目标位置进行准确预测，即如何进行有效地搜索发现和接力观测。本节移动目标特指洋面移动目标，重点分析多卫星协同条件下移动目标的搜索发现和接力观测两个关键技术。

理论上，对移动目标进行位置发现和接力观测，可以建模为对目标状态的估计问题，因此可以借鉴最优估计相关理论来引导求解。作为概率论和数理统计的一个分支，估计理论所研究的对象是随机现象，其是根据受干扰的观测数据来估计关于随机变量、随机过程或系统的某些特性的一种数学方法。一般而言，估计问题大致可以分为状态估计和参数估计两类，状态是随时间变化的随机过程，参数是不随时间变化或只随时间缓慢变化的随机变量。本节将移动目标卫星任务规划问题转化为状态估计问题来进行分析和求解，并介绍一种典型算法——基于网格目标分布概率动态更新的移动目标卫星任务规划算法。

1. 移动目标分布区域的等距网格划分

在进行观测调度前,获取移动目标的精确位置是极难实现的,通常获得的是移动目标大致的活动区域,即目标分布区域。相对于较大范围的目标分布区域受卫星传感器幅宽限制,每次观测都只能覆盖目标区域内的一小部分面积。因此,当对移动目标进行观测调度时,搜索发现阶段的关键在于发现目标是否存在以及分布在区域的哪一位置,而对目标精确位置的要求不需要特别高。本节对移动目标大致所在区域采用网格划分方法,将区域划分成若干小网格,每个网格代表一小块区间[25]。在此基础上,首先将移动目标的观测调度转换为对网格的处理,然后把处理结果映射到相应的地理坐标。

鉴于洋流等作用力对目标运动的影响有限,为简化问题,假设目标在等长时间内朝不同方向的运动距离是相等的,因此采用等距网格划分法,将目标分布区域划分为长宽相等的若干个小网格,如图3-17所示。网格划分粒度对规划的影响较大:当划分粒度过大时,对目标的定位精度达不到;当划分粒度过小时,计算量大大增加,导致计算求解时效性较差。本节考虑卫星观测过程特点,在实际划分网格时,将网格长度和宽度设为当前卫星集合中幅宽最小卫星的幅宽的分数,如最小幅宽的1/2。

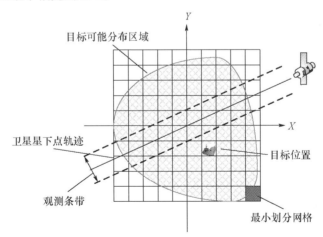

图3-17 等距网格划分示意图

2. 基于随机机动模型的目标转移概率计算

网格模型构建之后,对移动目标进行搜索发现时需要估计每个网格的目标分布概率。由于此时目标位置和运动特性未知,因此需要基于一定的运动模型假设以方便计算。

以往研究一般假设目标直线运动,因而目标分布概率具有一定的高斯分布特性。事实上,目标在某一个区域移动时,有可能是直线运动,也有可能是圆运动、折线运动、随机移动等,采用上述运动模型并不能准确描述目标多种运动模型下的运动特点。

鉴于上述原因,本节假设目标服从随机机动模型,即目标向其运动范围内任何方向任何位置移动的概率相同。假设 t_{n-1} 时刻目标出现在网格 i 内,目标的平均运动速度为 v,则 t_n 时刻目标分布在以网格 i 中心点为圆心,以目标在时段 $\Delta t = t_n - t_{n-1}$ 内的平均移动距离 $d = v\Delta t$ 为半径的圆内,且目标出现在该圆内任意位置的分布概率相等。若以网格为最小计量单元时,则目标在圆内各个网格的目标分布概率相等。

根据上述随机机动模型的假设,目标从网格 i 向网格 j 的转移概率密度函数可基于极大似然估计准则建模,即

$$Q(i,j,n \mid \text{Randmode}) = \max\left(0, \frac{v\Delta t - d(i,j)}{|v\Delta t - d(i,j)|}\right) \cdot \frac{p'_{i,n-1}}{|N_i|} \quad (3-27)$$

式中:$d(i,j)$ 为从网格 i 向网格 j 的中心的直线距离;$\max\left(0, \frac{v \cdot \Delta t - d(i,j)}{|v \cdot \Delta t - d(i,j)|}\right)$ 为仅当网格 i 到网格 j 的距离小于最大平均移动距离时,目标才会从网格 i 向网格 j 转移;N_i 为以 i 为圆心、$v\Delta t$ 为半径的圆覆盖的网格集合,这里要求网格被圆覆盖超过50%时才认为该网格被覆盖;对处于目标分布区域边缘的网格 i,对应的网格面积按实际被覆盖的区域计算,Randmode 为随机机动模型。

3. 基于网格目标分布概率动态更新的移动目标搜索发现算法

在划分等距网格并实现基于网格计算目标转移概率的基础上,本节给出基于网格目标分布概率动态更新的移动任务搜索发现算法,算法流程如图 3-18 所示。

上述算法流程基于等距划分的区域网格,引入概率分布思想,对每个网格定义目标分布概率。在卫星每次过境时,根据前次观测结果信息和历史共享观测信息,考虑传感器的观测不确定性,基于动态概率更新思想和目标随机机动运动模型,对过境前网格内的目标分布概率进行动态更新,引导后续的观测动作。若目标为首次发现,则进入最左边支路,通过观测区域等距网格划分、网格概率计算来进行位置发现。根据前次规划是否发现目标划分为接力观测动作(中间分支)和搜索发现动作(右侧分支)。其中,接力观测分支通过移动目标的后验网格概率修正和分布概率动态更新对目标进行持续不断地观测;搜索发现分支鉴于前次观测未发现目标但历史上曾对该目标观测过的事实,基于共享

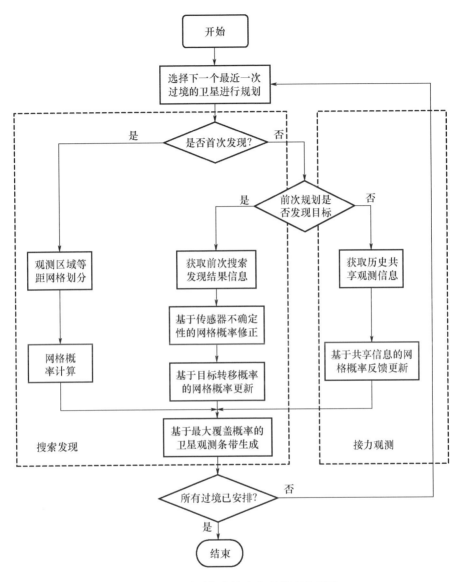

图 3-18 移动任务搜索发现算法流程图

信息实现移动目标的网格目标分布概率反馈更新。不管待观测移动目标处于哪一个分支，均可以估计出其在观测区域网格的分布，最后可基于最大覆盖概率计算生成卫星观测条带，支撑移动目标的任务规划实施。

需要指出的是，由于当前需要对未来若干次过境的卫星动作进行规划，当进行某次卫星过境规划时，该次规划前的过境观测结果信息可能尚未获得，为处理方便，算法假设这些观测的观测结果为未发现目标。

1)网格概率初始化

当首次对移动目标搜索发现时,没有任何目标的历史观测信息。这种情况下,可以假设目标分布在区域的任意一个位置,即目标在区域内的任何一个网格内的目标分布概率相等,所有网格总的目标分布概率为1。每个网格下的目标分布概率为

$$p_{i,0} = \frac{1}{|N_G|} \tag{3-28}$$

式中:N_G 为目标分布区域覆盖的所有网格的总和。

由于区域的不规则性,某些情况下区域边缘只能覆盖某个网格的部分内容,并不能对整个网格完全覆盖。为有效描述,假设目标分布区域对网格的覆盖率超过指定比例(如50%)时,该网格才能纳入到目标分布概率的覆盖范围内。

2)基于传感器不确定性的后验网格概率修正

卫星每次进行观测得到信息后,根据前一次的观测结果信息可以得到目标在目标分布区域内的每个网格中新的目标分布概率,该概率值可能与原有估计的网格目标分布概率不一致,为提高发现效率,需要基于该观测结果信息对整个区域内所有网格的目标分布概率进行修正。

考虑卫星发现概率和虚警概率的影响,设第 $n-1$ 次观测时卫星发现概率为 $p_{f,n-1}$,虚警概率为 $p_{f,n-1}$,被观测的区域记为 $N_{W,n-1}$,未被观测区域记为 $N_{U,n-1}$,第 $n-1$ 次观测前网格 i 的目标分布概率为 $p_{i,n-1}$,第 $n-1$ 次观测后的目标分布概率为 $p'_{i,n-1}$。

根据统计判决知识,前次观测未发现目标条件下,目标实际出现在观测区域 $N_{W,n-1}$ 但并没有被发现的概率(漏报概率)为 $1-p_{d,n-1}$,该值对应了目标出现在该观测区域的概率,即为区域 $N_{W,n-1}$ 内所有网格的后验目标分布概率之和。考虑到漏报条件下是一种虚假状态,为贴近实际,假设观测区域内网格的目标分布概率占比不变,则观测区域 $N_{W,n-1}$ 内网格 i 的修正目标分布概率为

$$p'_{i,n-1} = \frac{p_{i,n-1}}{\sum_{j \in N_{W,n-1}} p_{j,n-1}}(1 - p_{d,n-1}), i \in N_{W,n-1} \tag{3-29}$$

根据目标在区域内的总目标分布概率为1的假设,目标出现在观测区域之外的其他区域 $N_{U,n-1}$ 的总的观测概率为 $p_{d,n-1}$,按照网格目标分布概率占比不变原则,区域 $N_{U,n-1}$ 内网格 j 的修正目标分布概率为

$$p'_{j,n-1} = \frac{p_{j,n-1}}{\sum_{k \in N_{U,n-1}} p_{k,n-1}} p_{d,n-1}, j \in N_{U,n-1} \tag{3-30}$$

基于传感器不确定性的后验网格概率修正过程对应了贝叶斯方法的后验概率分布计算过程。

3)基于目标转移概率的网格目标分布概率动态更新

根据t_{n-1}时刻获得的观测结果进行网格概率修正后,在进行第t_n时刻的观测之前,目标有可能在目标分布区域内进行了运动。因此,需要根据目标运动特点,对从t_{n-1}到t_n的时段内,目标运动对网格内目标分布概率的影响进行估计,即动态地更新网格的目标分布概率,以更精确地引导卫星进行观测。

根据前述转移概率计算公式(3-27),区域内任一个网格j的目标分布概率等于它周围所有网格向该网格的转移概率之和。网格目标分布概率更新计算公式为

$$p_{j,n} = \sum_{i \in N_G} Q(i,j,n \mid \text{Randmode}) \tag{3-31}$$

基于目标转移概率的网格目标分布概率动态更新过程对应了贝叶斯方法的先验概率分布计算过程。

4)基于共享信息的网格目标分布概率反馈更新

如果某次观测未发现目标,则算法从接力观测阶段转为搜索发现阶段。原有针对移动接力观测方法不再可行,需要进行新的搜索发现;接力观测阶段的观测结果信息对搜索发现具有指导作用,可以避免对目标不可能出现地区的重复观测;于是可以结合接力观测阶段的共享历史观测信息,对区域网格目标分布概率进行反馈更新。

假设历史观测结果中最后一次发现目标的时刻为t_0,对应目标网格位置为i_0,目标的运动速度为v,经$t_1,t_2,\cdots,t_{n-1}$次未发现目标下的观测后,需要进行当前次(第t_n次)动作的规划。进行第t_0时刻观测时,目标分布区域内每个网格的目标分布概率可以从历史观测信息里获得。

从时刻t_0到时刻t_1,根据目标转移概率计算函数,得到网格目标分布概率为

$$p_{j,1} = \sum_{i \in N_G} Q(i,j,1 \mid \text{Randmode}) = \max\left[0, \frac{v(t_1-t_0)-d(i_0,j)}{\mid v(t_1-t_0)-d(i_0,j) \mid}\right]\frac{1}{\mid N_{i_0} \mid} \tag{3-32}$$

进行t_1时刻观测后,假设观测区域覆盖网格集合为$N_{\text{W},1}$,观测区域之外的网格集合$N_{\text{U},1}$,由网格概率修正方法得到第一次观测后的修正网格目标分布概率为

$$p'_{i,1} = \frac{p_{i,1}}{\sum_{j \in N_{\text{W},1}} p_{j,1}}(1-p_{d,1}), i \in N_{\text{W},1} \tag{3-33}$$

$$p'_{j,1} = \frac{p_{j,1}}{\sum_{k \in N_{U,1}} p_{k,1}} p_{d,1}, j \in N_{U,1} \qquad (3-34)$$

根据网格目标分布概率动态更新求解方法,得到进行t_2时刻观测时,网格j内的目标分布概率为

$$p_{j,2} = \sum_{i \in N_G} Q(i,j,2 \mid \text{Randmode}) = \max\left[0, \frac{v(t_2-t_1) - d(i,j)}{\mid v(t_2-t_1) - d(i,j) \mid}\right] \frac{p'_{i,1}}{\mid N_i \mid}$$

$$(3-35)$$

上述过程重复,直至t_{n-1}时刻,根据前述计算方法,得到第t_{n-1}时刻目标观测后,修正的网格目标分布概率为

$$p'_{i,n-1} = \frac{p_{i,n-1}}{\sum_{j \in N_{W,n-1}} p_{j,n-1}} (1 - p_{d,n-1}), i \in N_{W,n-1} \qquad (3-36)$$

$$p'_{j,n-1} = \frac{p_{j,n-1}}{\sum_{k \in N_{U,n-1}} p_{k,n-1}} p_{d,n-1}, j \in N_{U,n-1} \qquad (3-37)$$

从而得到第$n-1$次观测的修正网格目标分布概率。采用网格目标分布概率动态更新方法,得到t_n时刻网格j内的目标分布概率为

$$p_{j,n} = \sum_{i \in N_G} Q(i,j,n \mid \text{Randmode}) \qquad (3-38)$$

5) 基于最大覆盖概率的卫星观测条带生成

基于网格目标分布概率,需要确定每颗卫星的观测条带,使得卫星对区域内的总的目标发现概率最大。对光学卫星而言,确定卫星的覆盖条带,即确定卫星的开关机时间与侧视角度;对 SAR 卫星来说,则需要同时确定模式、入射角度和开关机时间。卫星角度、模式、开关机时间确定后,可以定量地得到卫星对地面的覆盖范围,进而结合目标在对应区域内的概率分布函数,可以计算得到对目标的可能覆盖概率。由于卫星的角度、模式、开关机时间参数可以连续选取,因此必须首先将其离散化,转化为若干具有指定步长的离散的参数;其次对这些参数进行组合,每一组参数组合对应了卫星的一个固定的覆盖条带,根据覆盖条带可计算得到该条带覆盖的网格集合,可以根据网格目标分布概率得到该条带对目标可能的覆盖概率。

当一次规划安排多颗卫星的过境观测动作时,还需考虑多星配合过程,对多个卫星观测条带进行组合,使卫星观测对目标的覆盖观测概率最大。该过程可以看作一个特殊的集合覆盖问题。

6) 移动目标观测任务规划计算方法

移动目标观测条带按照最大后验概率准则生成后,可看成多个相互关联的

规划元任务,需要多颗卫星接力执行。后续观测条带的生成和前序观测条带中是否发现目标密切相关无法事先进行规划,通常需要在前序观测结果出来后,生成后续观测的规划元任务,并插入到后续卫星对地观测方案中。移动目标观测任务通常优先级极高,可以采用无条件抢占方式调整已经生成的卫星对地观测方案,也可采用第 4 章介绍的卫星观测任务动态重调度方法对已有卫星对地观测方案进行调整。

3.5 学习型卫星任务规划方法

随着机器学习领域近年来的快速发展,如何将机器学习方法与卫星任务规划算法相结合,进一步提升算法性能,逐渐成为当前的研究热点。本节将以卫星对地观测任务规划为例,介绍基于历史规划方案案例学习的卫星任务规划方法。在固定轨道上运行的对地观测卫星会按一定周期以完全重合的轨道飞越固定地面区域上空,该过程称为卫星重访。由于在较长的一段时期内大多数地面目标不会变化,因此卫星任务对地观测方案也表现出周期性相似的特点。卫星历史规划方案中隐含的启发式信息与当前卫星任务规划方案有着一定的潜在联系。

3.2.1 节中提出的 SOCSA 没有考虑历史规划案例,如果能有效利用相似场景历史规划结果作为启发式信息,引导规划算法搜索最有希望获得优化结果的解域空间,必将提升规划效率,缩减规划时间。基于案例的学习方法可以从历史案例中提取知识,并应用于未来问题的求解中,适合于难以发现规律性知识或因果关系难以用确切模型表达的领域[130]。引入案例学习思想对卫星观测任务规划问题进行研究,可以从历次规划计算结果中提取启发式信息,对历史案例进行案例属性提取,发现相似的规划案例,并应用于未来的卫星观测任务规划问题的求解中,从而进一步提升算法优化性能,并缩减规划时间。

案例学习可以从历史案例中提取知识,并将该知识应用到未来问题的求解过程中。该方法适合难以发现规律性知识、因果关系难以用确切模型表达的领域,并且能够适应知识不一致性问题。相比传统的用精确数学模型或规则等对知识进行复杂的结构化描述,案例更容易获取及应用。但案例学习方法通常与具体的应用领域密切相关,不同应用领域的案例学习方法之间很难通用。

案例学习主要包括案例表示、案例检索、案例匹配和案例修正四个步骤。

案例表示,就是选取合适的属性对案例进行表示,它是案例学习的基础,涉及案例本身表示的历史经验问题。若属性选取恰当,则案例可以准确地对问题进行表示,方便案例知识的组织和维护,加速案例的检索过程,提高问题的求解程度。案例检索即从案例库中搜索案例的过程,当案例库规模庞大、案例属性复杂、案例匹配求解计算量大时,需要对案例检索过程进行优化,常用的方法是建立案例索引,提升案例搜索效率。案例匹配的目的是匹配出最相似的案例,对当前问题的求解提供启发性和指导性的建议,需要设计相似匹配算法对案例的匹配度进行测算。匹配出的案例与实际场景往往有所不同,案例修正的意义在于根据实际情况,对匹配出的案例进行适应性修正,以使修正结果适用于实际场景。

针对卫星对地观测任务规划问题,将案例学习与卫星任务规划相结合,可分为案例特征表达与提取、规划案例检索与匹配、规划案例修正和案例应用四个阶段[107],如图3-19所示。

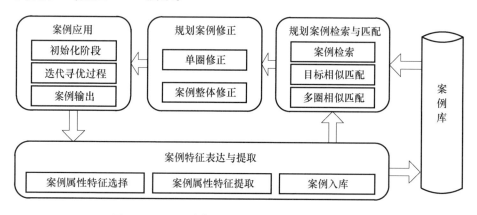

图 3-19 基于案例学习的卫星观测任务规划框架

(1)案例特征表达与提取。

从历史的规划方案中提取特征属性并表示为案例,将案例存入案例库中,为后续的卫星观测任务规划提供案例支撑,是案例学习的操作基础。

(2)规划案例检索与匹配。

从案例库中检索案例,利用目标匹配与整体匹配两个层级的匹配策略对待规划场景进行案例匹配操作。

(3)规划案例修正。

案例修正模块负责对案例匹配结果进行适应性修正,去除与当前规划场景无关的观测任务,使之能够更好地应用于当前规划场景。

(4)案例应用——基于案例的卫星观测任务规划算法。

将历史规划方案作为启发式信息,与卫星任务规划算法相结合,引导算法在更有希望找到问题最优解的区域中搜索。

下面将分别进行介绍基于案例学习的卫星观测任务规划框架中的各个环节。

3.5.1 案例特征表达与提取

案例表示是案例学习的基础,就是把要求解的新问题及案例库中众多的案例进行案例特征属性提取,并按照一定的结构表示出来。我们选取卫星观测任务的各项基本信息(包括观测目标集合、规划元任务集合、目标位置、目标访问时段、目标观测需求、任务优先级、载荷要求等)和任务规划结果作为案例的特征,以此构建案例的基本结构,用以对案例进行表征。之后,将历史规划方案按照案例特征的基本结构形成案例存入案例库。

3.5.2 卫星任务规划案例检索与匹配

案例检索与匹配就是从案例库中找到与当前规划场景特征最相似的、对当前问题的求解有启发和指导意义的若干历史案例。检索与匹配的方法:首先,以卫星回归周期为循环周期,将待规划场景时段向前进行周期性延拓得到一系列时段,挑选出备选的一系列卫星历史任务规划方案;其次,根据目标优先级及目标地理位置信息对案例和待规划场景进行匹配。

1. 卫星任务规划案例检索

卫星经过一个重访周期后,星下点轨迹将与原来的轨迹完全重合,因此卫星在相隔若干个回归周期前后所观测的场景是相似的,具有学习和参考的价值。根据此特性,以卫星回归周期为循环周期,将待规划场景时段向前进行周期性延拓得到一系列时段,在这些时段上从案例库中检索出案例,如图3-20所示。图中,T_Sat 表示卫星回归周期。值得注意的是,由于规划元任务可能不同,按回归周期检索出来的备选案例不一定能和当前规划场景完全匹配,还需要进行进一步的案例匹配。

2. 卫星任务规划案例匹配

案例匹配则是从备选案例中挑选出与当前规划场景相似度较高的卫星历史规划案例。进一步讲,如果场景 A 与场景 B 相似,且场景 A 中的目标集合 TargetA 与场景 B 中的目标集合 TargetB 相似,则场景 A 的规划结果中目标集合

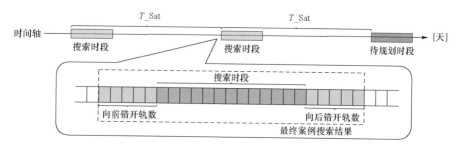

图 3-20　卫星任务规划案例检索示意图

TargetA 的观测情况与场景 B 中目标集合 TargetB 的观测情况类似。所以,可从相似场景的规划方案中获取某种知识进行学习,并应用于当前的规划问题中。本节将介绍基于两个阶段的相似匹配——目标相似匹配和多圈相似匹配。

1) 目标相似匹配

目标相似匹配用来判断具有相同任务优先级、相同载荷要求的两个地面目标是否相似。判定两个目标是否有相似性,可判断这两个目标的优先级是否一致,以及这两个目标的空间位置是否接近。我们认为:优先级不同的目标,不相似;优先级一致的目标,则需要判定其空间位置是否接近。针对点目标之间、点目标与区域目标之间以及区域目标之间的相似性,下面将分别进行讨论。

判断两个目标在空间位置上是否相似,一个比较直观的想法是采用距离来度量。对于两个优先级相同的点目标 $tar1, tar2 \in TARGET$,采用曼哈顿距离定义两个点目标之间的距离为:

$$\text{distance}(tar1, tar2) = |lon_{tar1} - lon_{tar2}| + |lat_{tar1} - lat_{tar2}| \quad (3-39)$$

当 $\text{distance}(tar1, tar2) \leq \delta_{ptsi}$(其中,$\delta_{ptsi}$ 为点目标之间是否相似的阈值)时,认为点目标 $tar1$ 和 $tar2$ 相似。

判定点目标 $ptar1$ 与区域目标 $atar2$ 之间的相似性可判定区域目标 $atar2$ 中是否存在某一点与 $ptar1$ 之间的距离不超过 δ_{ptsi},即

$$\text{distance}(tar1, p) \leq \delta_{ptsi}, \exists p \in atar2 \quad (3-40)$$

判定区域目标 $atar1, atar2$ 之间的相似性可采用如下公式:

$$\text{distance}(p1, p2) \leq \delta_{ptsi}, \exists p1 \in atar1, \exists p2 \in atar2 \quad (3-41)$$

即如果两个区域目标相似,则存在分别属于两个区域目标的点,使得这两个点的曼哈顿距离不大于判定阈值 δ_{ptsi}。

2) 多圈相似匹配

多圈相似匹配即在每一个轨道圈次上进行相似性匹配。对于某颗卫星,针

对待规划任务的某一圈任务与案例的某一圈任务进行相似匹配判断,根据目标相似匹配所得的目标相似匹配映射,当二者的目标集相似度达到单圈相似匹配阈值δ_{circle}时,则判定这两圈的任务整体相似(如图3-21所示,箭头表示匹配上的目标任务)。

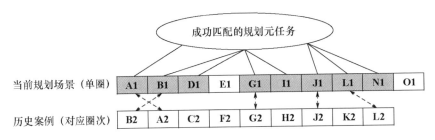

图3-21 卫星轨道圈次任务相似性判定示意图

若推广到多个轨道圈次,即可计算出当前规划场景与案例之间的相似程度,如图3-22所示。

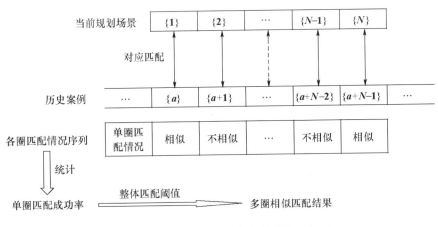

图3-22 卫星任务整体相似性判定示意图

最终根据相似的圈次数量判断当前规划场景与案例之间的相似度,方案整体相似测度为

$$M_{simi\_toal} = \frac{match\_cir\_number}{total\_number} \quad (3-42)$$

式中:match_cir_number为当前规划场景与案例之间能匹配的轨道圈次数量;total_number为案例包含的总的圈次。如果$M_{simi\_toal} \geq \delta_{total}$,则判定当前规划场景与案例相似。其中,$\delta_{total}$为判定当前规划场景与案例是否整体相似的阈值。

3.5.3 卫星任务规划案例修正

针对挑选出的与当前规划场景特征最相似的案例,修正与当前规划场景中不匹配的对地观测任务,以便更好地适用于后续规划计算环节对于案例的使用。修正方法:删除历史案例中不能与当前规划场景中任务匹配的任务,更新与当前规划场景中任务部分匹配的任务,使之能够匹配(如调整目标访问时间窗,调整目标需求等)。

3.5.4 基于案例的卫星观测任务规划算法

案例学习的重要环节是如何用历史案例所隐含的启发式信息指导当前场景的规划计算。在卫星对地观测任务规划问题中,使用相似的历史案例引导当前算法的搜索过程,使之能够在更有希望发现最优解的区域加大搜索力度。这里依然采用遗传算法作为搜索算法。值得说明的是,如果采用其他元启发式算法(如禁忌搜索、蚁群算法、粒子群算法等),本节介绍的方法依然适用。

在遗传算法的步骤中,案例启发式信息能够影响的操作包括种群初始化、选择算子、交叉算子、变异算子等。在种群初始化中,可以直接对相似案例进行随机微调,生成高质量的个体;选择算子、交叉算子、变异算子可以设计为以大概率方式选择与历史案例相似的方向进行局部搜索。另外,历史案例也可由启发式搜索算法获得,其优化程度也存在提升空间。一味地基于历史案例进行局部搜索,将会导致算法继续陷入局部最优解。鉴于此,设计了基于案例学习型遗传算法的卫星观测任务规划算法(Satellite Observation Task Scheduling Based on Case–Based Learning and Genetic Algorithm,STSCGA)。问题编码与3.2.1节介绍的SOCSA编码相同。算法主要步骤如下:

算法名称:STSCGA

输入:规划元任务TASK,卫星集合SAT,已检索出的相似案例集合SCASE

输出:卫星对地观测方案$\{x_{task}^s\}$,task∈TASK,s∈SAT

---

begin
1 采用随机方式生成种群RdmGroup　//随机种群生成
2 while(演化代数≤G1)
3 　　SOCSA_Selection()　　　　//采用与SOCSA相同的选择算子对RdmGroup操作

4	SOCSA_Crossover()	//采用与 SOCSA 相同的交叉算子对 RdmGroup 操作
5	SOCSA_Mutation()	//采用与 SOCSA 相同的变异算子对 RdmGroup 操作
6	获取卫星集合 SAT 中约束参数,对种群中的解进行约束处理	
7	end while	
8	基于 SCASE 采用随机微调方式生成种群 CaseGroup,并与 RdmGroup 合并,形成 Group	
9	while(G1 < 演化代数 ≤G2)	
10	CBL_Selection()	//基于案例学习的选择算子
11	CBL_Crossover()	//基于案例学习的交叉算子
12	CBL_Mutation()	//基于案例学习的变异算子
13	if(连续 G3 代演化无改进)	
14	SOCSA_Selection()	//与 SOCSA 相同的选择算子
15	SOCSA_Crossover()	//与 SOCSA 相同的交叉算子
16	SOCSA_Mutation()	//与 SOCSA 相同的变异算子
17	end if	
18	获取卫星集合 SAT 中约束参数,对种群中的解进行约束处理	
19	end while	
20	while(G2 < 演化代数 ≤G4)	
21	SOCSA_Selection()	//与 SOCSA 相同的选择算子
22	SOCSA_Crossover()	//与 SOCSA 相同的交叉算子
23	SOCSA_Mutation()	//与 SOCSA 相同的变异算子
24	获取卫星集合 SAT 中约束参数,对种群中的解进行约束处理	
25	end while	
26	解码,卫星对地观测方案 $\{x_{task}^s\}$,task∈TASK,s∈SAT。	
	end	

在 STSCGA 中,语句 1 采用随机方式生成初始种群。语句 2~7 采用与 3.2.1 节介绍的 SOCSA 相同的选择、交叉、变异操作进行迭代寻优,演化 G1 代。语句 8 基于历史相似案例,采用微调方式生成高质量的案例种群,并加入到算法现有种群中。这时,算法种群既包含演化了 G1 代的个体,也包含基于案例直

接生成的个体。语句 9~19 针对混合后的种群采用基于案例学习的选择、交叉、变异算子进行搜索,当算法出现可能陷入局部最优解的情况时(连续 G3 代演化无改进),调用非案例学习的遗传算子,增加算法跳出局部最优解的概率。语句 20~25 采用与 SOCSA 相同的选择、交叉、变异操作继续对整个种群进行演化操作,直至算法退出。语句 20~25 与语句 2~7 的区别在于作用的种群不同。语句 2~7 可以看成是对随机生成种群 RdmGroup 的"热身"(Warm Up)。避免由于历史案例生成的个体适应值太高,而迅速淘汰掉随机生成的个体,使种群多样性受损。语句 20~25 的目的是对混合后的种群进行无偏的遗传操作,进一步降低种群陷入局部最优解的概率。语句 6、18 和 24 对种群中个体进行约束处理,STSCGA 中采用的约束处理方法与 3.2.1 节介绍的 SOCSA 相同,这里不再赘述。下面介绍基于案例学习的初始化、选择、交叉、变异算子。

1. 基于案例学习的种群初始化算子

基于案例学习的种群初始化算子随机选择一个相似案例,并以此为模板生成案例种群(CaseGroup)中一个个体。具体的处理方式:对于当前规划场景中的每一个规划元任务,如果在案例中找到了与之相似的任务,则以一个较大概率按照案例的规划结果确定该规划元任务是否执行,以较小的概率按与案例相反的结果确定该任务的执行结果;如果没有在案例中找到相似的任务,则直接随机选择当前规划元任务是否执行。

2. 基于案例学习的选择算子

基于案例学习的选择算子按轮盘赌方法分别从 RdmGroup 和 CaseGroup 中按照适应值大小为概率各随机生成 1/2 个种群,然后合并为一个种群。这样可以有效避免在早期的演化过程中适应值更高的案例种群中个体快速淘汰掉随机种群中个体,从而破坏种群多样性。基于案例学习的选择算子中的精英解保持机制与 3.2.1 节介绍的 SOCSA 一致。

3. 基于案例学习的交叉算子

基于案例学习的交叉算子将生成第二种群中个体,其交叉操作与 SOCSA 中交叉操作一致,但父代个体的选择方法不同:首先从 CaseGroup 中随机选择两个个体进行交叉,生成第二种群个体数量的 1/3;然后从 RdmGroup 中随机选择两个个体进行交叉,生成第二种群个体数量的 1/3;最后从 CaseGroup 与 RdmGroup 中各随机挑选一个个体进行交叉,生成第二种群个体数量最后的 1/3,部分个体属于杂交个体,将随机被分配到 CaseGroup 或 RdmGroup 中。

4. 基于案例学习的变异算子

基于案例学习的变异算子采用随机翻转变异方式,即随机选择一个个体并随机选择该个体的一个基因位,按一定概率确定该基因位是否反转。确定该基因位代表的规划元任务执行方式是否反转的概率,可通过统计相似案例中对应的任务执行情况得到。比如,如果大量历史案例中该任务状态均为执行,则当前规划场景下,该任务应当以较大概率被安排执行。变异的个体将分别从 CaseGroup 和 RdmGroup 中选取,保证均匀地在整个种群中引入扰动。

案例库可以不断更新,将当前规划场景中取得更高收益的卫星对地观测方案作为新的案例放入案例库中。此外,收益更高的历史规划案例也能为当前规划场景提供更好的支撑。这样,当前场景的卫星观测任务规划与历史案例库更新成为一个闭环,产生良性循环。通常,基于案例学习的卫星任务规划算法运行一段时间后,能取得比普通卫星任务规划算法更好的结果。

第4章 面向动态要素的卫星对地观测任务重调度方法

第3章研究了地面集中式卫星任务规划方法,实质上处理的是确定性条件下的卫星资源调度问题。在确定性调度过程中,通常需要做出假设,即一旦调度开始,参与调度的任务及资源就不再变化。然而,卫星实际上工作在充满变化的复杂环境中,卫星资源可能出现故障而临时失效(或修复),新任务也可能随时到达,如果卫星规划调度过程无法适应这些变化,必然导致资源利用率降低。鉴于此,卫星资源动态重调度研究应运而生,且已经成为当前国内外学者研究的热点[131]。

作为卫星资源确定性调度的必要补充,本章将重点研究面向动态要素的卫星对地观测任务重调度方法,动态要素主要包括观测任务到达不确定性、卫星资源动态变化、气象环境不确定等。本章将重点分析观测任务到达不确定性与卫星资源动态变化两种动态要素下的卫星对地观测任务重调度方法。

4.1 问题描述与分析

4.1.1 动态要素的分类与分析

影响卫星对地观测任务重调度的因素主要包含内在因素和外在因素两大类。内在因素主要源于卫星系统本身,卫星随时间不断变化的电量、存储空间、传输资源状态等发生动态变化导致需要动态调整初始对地观测方案。外在因素包含任务调度的任务输入(也称为观测需求)的动态变化、卫星传感器工作时外界自然环境的变化(如光学卫星成像时的云量骤升引起的云遮挡问题等)。其中观测任务到达不确定性与卫星资源动态变化两种动态要素普遍存在于所有类型的卫星任务规划中,下面做具体介绍。

1. 观测任务到达不确定性

在卫星对地观测重调度问题中,观测任务的到达通常分为两批次或多批次,第一批次的任务用以驱动任务规划算法生成初始的观测方案或基础的观测方案,后面批次的任务用以驱动任务重调度方法生成动态调整的观测方案。第一批次观测任务相对稳定且同时到达,后面批次的观测任务到达则存在一定的不确定性。首先,后续批次观测任务的来源多样,且存在不确定性,例如,在初始方案执行过程中,有新的观测任务到达,或者初始方案中的部分观测任务被用户删除,或者初始方案中某些观测任务的某些具体属性需要修改(如观测地面目标所采取的传感器的工作模式);其次,后续批次观测任务到达的时间、数量、优先级存在不确定性,例如,在经常性的重调度问题里,后续批次里新的观测任务数量通常不会太多,到达的频率通常也不会太快,与初始方案对应的观测任务可能差异不会过于明显,但在某些应急观测场合,后续批次的观测任务可能在时间上随机达到,在处理优先级上普遍较高,且较初始方案对应的观测任务存在较大更新。

2. 卫星资源动态变化

卫星在复杂的太空环境中运行,由于卫星本身内在故障(如遥测设备、传感器、电源或存储器故障),或者遭受太阳耀斑等环境影响,或者遭受恶意攻击等外部因素,可能导致该颗卫星资源永久失效或一段时间内失效,使得初始方案中与该卫星相关的观测任务不能正常进行,因此可能给整个观测计划造成严重损失。上述卫星资源动态变化的情况几乎是不可预知的,使得实施卫星对地观测任务重调度面临较强的不确定性。

4.1.2 问题建模

针对上述的不确定因素,卫星对地观测任务重调度时主要采取以下两种思路进行处理:

一是进行完全重调度,即在动态要素出现时基于当前所有待观测任务和卫星资源及其他信息重新进行一次完整的任务规划计算,生成新的观测方案。在该方式下,新的观测方案与初始方案没有继承性,二者的差别可能很大,会给用户决策造成较大的困扰,且规划计算耗时通常较长,在实际使用时并不多见。

二是进行局部调整,即在初始观测方案的基础上,基于即时获取的任务信息、资源信息或其他情况对原有方案进行局部调整。该方式本质上属于反应式处理策略,在具体调度时不但需要考虑继承初始的观测方案,也需要以最大化观测效益、最小化资源消耗来响应即时到达的动态因素,其调度的难度要高于前一个处理思路。

鉴于后者与实际需求更加贴合,本章主要基于局部调整的思路来进行分析。下面对面向动态要素的卫星对地观测任务重调度方法进行形式化描述。对该问题的描述通常也可以由确定性调度问题的相关变量和动态因素描述组成。

卫星对地观测任务动态重调度,就是在初始调度结果已经存在,且新观测任务(包含新增、删除和修改)到达或资源变化发生的情况下,能够快速(或近实时)且稳定地重新生成卫星对地观测方案以适应动态变化,以优化方式为任务分配合适的卫星和模式进行对地观测。与第 3 章的问题描述类似,具体包括:

(1)给定规划时段 $w_{\text{Schedule}} = [t_B, t_E]$。其中:$t_B$ 为规划起始时间;t_E 为规划结束时间。

(2)给定参与规划的卫星集合 SAT。$\forall s \in \text{SAT}, s \equiv \langle \text{MODE}^s, \text{memy}^s, \text{trans}^s_{i,j}, \text{pre}^s, \text{post}^s, \Delta T^s_m, \Delta T^s_1, \Delta T^s_{lc}, \Delta T^s_{ld}, \omega^s \rangle$。其中:$\text{MODE}^s$ 为卫星 s 的对地观测工作模式集合(备选工作模式集合的含义详见 3.1.1 节);$\text{trans}^s_{i,j}$ 是卫星 s 由模式 i 切换到模式 j 的最短模式切换时间,$i,j \in \text{MODE}^s$;pre^s 为卫星 s 的开机准备时间;post^s 为卫星 s 的关机稳定时间;ΔT^s_m 是卫星 s 单次最短开机时长;ΔT^s_1 是卫星 s 单次最长开机时间;ΔT^s_{lc} 是卫星 s 单圈最长累计开机时间;ΔT^s_{ld} 为卫星 s 单天最长累计开机时长。

(3)给定对地观测目标集合 TARGET。$\forall \text{tar} \in \text{TARGET}, \text{tar} \equiv \langle \text{lon}_{\text{tar}}, \text{lat}_{\text{tar}}, \text{rot}_{\text{tar}} \rangle$。其中:$\text{lon}_{\text{tar}}$ 为目标 tar 的经度,lat_{tar} 为目标 tar 的纬度,rot_{tar} 为目标 tar 要求的观测次数上限。

(4)对对地观测目标集合 TARGET 进行目标访问计算,可以得到卫星对地面目标的访问时间窗集合。卫星对地面目标的每一个访问时间窗构成一个规划元任务,组成规划元任务集合,记为 TASK。规划元任务是卫星任务规划的最基本单位,$\forall \text{task} \in \text{TASK}, \text{task} \equiv \langle s_{\text{task}}, \text{mod}^s_{\text{task}}, \psi_{\text{task}}, t^{\text{task}}_b, t^{\text{task}}_e, \text{tar}_{\text{task}}, \text{circle}_{\text{task}} \rangle$。其中:$s_{\text{task}} \in \text{SAT}$,表示执行规划元任务 task 的卫星;$s \in \text{SAT}, \text{mod}^s_{\text{task}} \in \text{MODE}^s$ 为卫星 s 执行规划元任务 task 所采用的工作模式;ψ_{task} 为规划元任务 task 的优先级。$[t^{\text{task}}_b, t^{\text{task}}_e]$ 为卫星对规划元任务 task 的访问时间窗,t^{task}_b 为访问起始时间,t^{task}_e 为访问结束时间;$\text{tar}_{\text{task}} \in \text{TARGET}$,表示规划元任务 task 对应的地面目标;$\text{circle}_{\text{task}} \in \mathbb{N}$ 表示当前规划元任务所在的卫星运行轨道圈次。

(5)对于 $s \in \text{SAT}$,设经过确定性调度后(如第 3 章介绍),卫星 s 的对地观测方案调度结果为 $\text{JOB}^k_{\text{init}}$。

(6)在新任务到达情况下,设新到达的对地观测目标集合为 $\text{TARGET}_{\text{new}}$,经过访问计算后,生成相应的规划元任务集合,设卫星 s 新到达对地观测目标所对应的规划元任务集合为 $\text{task}_{\text{new}}^{s}$。

(7)在卫星资源变化情况下,设变化集合为 DIST,则 $\forall \delta \in \text{DIST}$ 可表示为 $\delta \equiv \langle s^{\delta}, t_{\text{off}}^{\delta}, t_{\text{on}}^{\delta} \rangle$。其中:$s^{\delta} \in \text{SAT}$ 是卫星标识;t_{off}^{δ} 是卫星 k 失效时间,t_{on}^{δ} 是卫星 k 恢复时间,$[t_{\text{off}}^{\delta}, t_{\text{on}}^{\delta}] \subseteq [t_{\text{B}}, t_{\text{E}}]$,$\delta$ 表示卫星 s 在时段 $[t_{\text{off}}^{\delta}, t_{\text{on}}^{\delta}]$ 内处于失效状态。

基于上述问题描述,对于 $s \in \text{SAT}$,新任务到达时的动态重调度就是对新到达规划元任务集合 $\text{task}_{\text{new}}^{s}$ 和初始调度结果 $\text{JOB}_{\text{init}}^{s}$ 进行综合调度,形成重调度结果 $\text{JOB}_{\text{new}}^{s}$ 的过程。卫星资源动态变化状态下的动态重调度就是在资源变化 δ 发生时,有效利用剩余的可用卫星资源,调整初始调度结果 $\text{JOB}_{\text{init}}^{s}$,形成重调度结果 $\text{JOB}_{\text{new}}^{s}$ 的过程。

动态因素到达之后,可能与初始方案中相应的观测任务存在矛盾。若采用局部调整的思路,究竟是优先考虑新的任务还是优先考虑已规划好的任务,需要对动态要素的变更程度进行分析。以新观测任务到达的情况为例,对于 $s \in \text{SAT}$,新的观测任务到达之后,动态重调度过程需要采取一定的策略统一协调集合 $\text{JOB}_{\text{init}}^{s}$ 和 $\text{task}_{\text{new}}^{s}$ 中各新到达规划元任务,以使综合评价值最大。如果只追求调度结果优化性而无限制地替换 $\text{JOB}_{\text{init}}^{s}$ 中的规划元任务,就会造成重调度结果 $\text{JOB}_{\text{new}}^{s}$ 与初始调度结果 $\text{JOB}_{\text{init}}^{s}$ 差别过大,导致 $\text{JOB}_{\text{new}}^{s}$ 难以应用。

为解决上述问题,一种简单的思路是在初始调度结果中满足所有任务的前提下,才考虑新到达任务的插入。然而,在很多卫星动态重调度过程,新到达的任务通常是较重要或紧急的,用户对卫星执行新任务所获取的观测数据需求更加迫切。对于这种情况下的卫星动态重调度问题,初始调度结果 $\text{JOB}_{\text{init}}^{s}$ 中所有任务必须执行的约束就显得过于苛刻。鉴于此,本节给出重调度变更度[125]的定义如下:

定义 4-1 重调度变更度 ζ

$$\zeta = \frac{\sum_{s \in \text{SAT}} | \text{JOB}_{\text{init}}^{s} - \text{JOB}_{\text{new}}^{s} |}{\sum_{s \in \text{SAT}} | \text{JOB}_{\text{init}}^{s} |} \quad (4-1)$$

ζ 描述了重调度后,重调度结果 $\text{JOB}_{\text{new}}^{s}$ 与初始调度结果 $\text{JOB}_{\text{init}}^{s}$ 的差异程度,在一定程度上反映了新观测任务的紧急性。ζ 越大,表明与初始调度结果相比,新方案的变更越大,新任务的紧急程度较重;ζ 越小,新方案的变更也越小,新任务的紧急程度较弱,某些场合沿用初始观测方案即可。

在实际运用时，规划人员可根据实际情况给出 ζ 的上限 $\zeta_{\max}$。容易看出，若在卫星动态重调度过程中要求初始调度结果中所有任务必须被执行，则 $\zeta_{\max}=0$。

4.1.3 动态要素之间的映射

在实际的卫星动态重调度问题中可能面临多种动态因素并存的情况，针对每种动态因素单独构建优化模型后再进行整体优化，其过程非常复杂。鉴于此，在进行卫星资源动态重调度问题时需考虑不同动态因素之间的问题映射或问题转换方法，进一步简化动态重调度的难度。下面建立资源变化情况下与任务变化情况下动态重调度问题的映射关系。

具体地，如果新任务到达情况下的卫星动态重调度是为了寻找更加优化的调度结果，资源变化情况下的动态重调度则是为了降低卫星失效带来的调度结果损失。一旦发生资源变化，某些卫星资源在一定时段中就无法工作，于是某些对地观测任务无法被执行。由于卫星资源失效而无法被正常执行的规划元任务通常称为失效任务，即对于 $\delta \in \mathrm{DIST}, j \in \mathrm{JOB}_{\mathrm{init}}^s$，如果 $k^\delta = k$ 且 $[t_b^j, t_e^j] \cap [t_{\mathrm{off}}^\delta, t_{\mathrm{on}}^\delta] \neq \varphi$，则 T^j 为失效任务。记失效任务对应的对地观测目标集合为 $\mathrm{TARGET}_{\mathrm{off}}$。资源变化情况下动态重调度的目的就是最大限度地协调剩余可用卫星资源，将因卫星失效而无法完成的目标集合 $\mathrm{TARGET}_{\mathrm{off}}$ 重新分配给其他卫星，以最大化挽回损失。

如果将 $\mathrm{TARGET}_{\mathrm{off}}$ 看成是新到达的对地观测目标集合 $\mathrm{TARGET}_{\mathrm{new}}$，则资源随机变化情况下动态重调度问题可转化为新任务到达情况下动态重调度问题。映射方法如下：

（1）将由于卫星资源 s 失效而无法完成的规划元任务从 $\mathrm{JOB}_{\mathrm{init}}^s$ 中滤除，记过滤后的对地观测方案集合为 $\mathrm{JOB}_{\mathrm{on}}^s$。

（2）过滤不可用的卫星资源或卫星资源失效时段，记过滤后的卫星资源为 SAT_ON。

（3）按可用卫星资源 SAT_ON 对失效任务对应的对地观测目标集合 $\mathrm{TARGET}_{\mathrm{off}}$ 进行目标访问计算，形成失效补充观测规划元任务集合 $\cup_{s \in \mathrm{SAT\_ON}} \mathrm{Task}_{\mathrm{off}}^s$，并将 $\cup_{s \in \mathrm{SAT\_ON}} \mathrm{Task}_{\mathrm{off}}^s$ 作为新增加规划元任务插入到规划体系当中，按照新任务到达方式对 $\cup_{s \in \mathrm{SAT\_ON}} \mathrm{Task}_{\mathrm{off}}^s$ 和 $\cup_{s \in \mathrm{SAT}} \mathrm{JOB}_{\mathrm{on}}^s$ 执行重调度操作。

上述转化步骤建立了资源变化情况下动态重调度问题与任务变化情况下动态重调度问题的映射关系。通过上述转化关系，资源变化情况下动态重调度

问题可映射为 $\zeta_{max}=100\%$ 的任务变化情况下动态重调度问题。

由此,在后续建模求解动态重调度问题时,可简单考虑观测任务新到达情况下的卫星动态重调度即可。

4.2 基于启发式策略的卫星资源动态重调度方法

卫星对地观测任务动态重调度时主要采取完全重调度和局部调整两种思路。在局部调整的重调度方法中,基于规则的启发式搜索算法是比较常见的一类,其基本思路是在获得初始方案的基础上,基于动态要素构建动态观测任务,并通过对观测任务插入顺序以及插入位置的合理选择实现对已有观测方案的局部调整。一般而言,基于启发式策略的卫星资源动态重调度算法对观测任务到达不确定性与卫星资源动态变化的响应速度快,其重调度解的质量不仅依赖于初始观测方案,也在很大程度上取决于观测任务插入算子与插入策略的设计和选择。

本节将在已有工作基础上,针对启发式卫星资源动态重调度的驱动策略、一般思路和两种具体方法进行介绍。

4.2.1 启发式动态重调度的驱动策略

启发式卫星资源动态重调度是一种反应式调度方法,主要包含周期驱动、事件驱动和混合驱动三种方式,新任务的插入与这三种方式的选择密切相关。

对于周期驱动,其有固定的调度周期,在当前周期到达的新任务须等到下一个周期开始前才能进行规划。因此,在新任务到达后,须与其他任务在下一个周期实施前一起规划,新任务的插入可基于确定性卫星任务规划算法进行,无须单独考虑其插入点。周期驱动又称为"批处理"式任务规划。

对于事件驱动,在每次新任务到达后,初始方案将根据新任务需求立即进行调整,此时对新到达观测目标的安排需要考虑当前的卫星资源是否可以对新目标进行观测、观测的时间窗口有几个、新目标对应的规划元任务是否与初始方案中的规划元任务有冲突、选用哪个窗口进行观测等问题,最终可能选取最优的插入点安排新任务,也可能不安排新任务或者将新任务与初始方案中的任务进行合并。

对于混合驱动,其是周期驱动和事件驱动的结合,正常情况下以固定周期为间隔进行任务规划,当有重大突发事件到达时也可以事件驱动进行任务规划,这样就可以克服事件驱动方法频繁调整方案而引起调度效率降低的缺点,在新任务插入的处理机制与周期驱动策略类似。

鉴于周期驱动时新任务的处理等效于新任务与原有静态任务合在一起进行完整调度的特点,本章仅针对事件驱动策略进行讨论。

4.2.2 启发式动态重调度的一般性方法

4.1.3 节建立了资源变化情况下动态重调度问题与任务变化情况下动态重调度问题的映射关系,可实现将资源变化情况下的动态重调度问题映射为任务变化情况下动态重调度问题,因此一般只考虑观测任务新到达情况下的卫星动态重调度问题。

新的观测目标到达后,进行访问计算生成对应新规划元任务。通过梳理可以发现,新规划元任务和初始规划方案中的规划元任务主要存在相离、相交、包含三种关系,如图 4-1 所示。

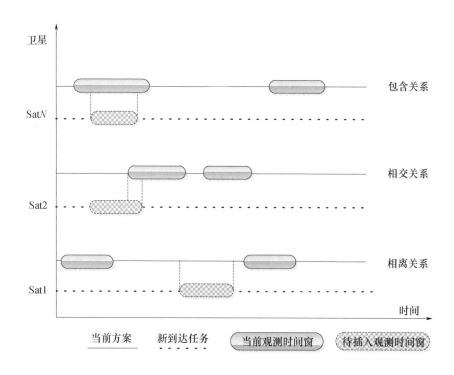

图 4-1 新规划元任务和初始规划方案规划元任务的关系

启发式卫星资源动态重调度主要是研究这三种关系的启发式处理方法。一般而言,要针对新任务与初始规划方案的相离、相交、包含三种情形,结合卫星的使用约束,设计三种协调算子,以消解任务间的冲突,生成有效的卫星资源动态重调度方案。

1. 任务插入算子

任务插入是指当前方案中某两个连续任务存在足够可用的空闲时段,且新任务插入后仍能满足卫星对地观测约束条件。计算过程示意图如图4-2所示。

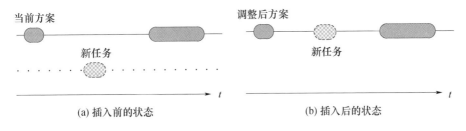

图4-2 任务插入算子计算过程示意图

2. 任务合并算子

任务合并是指当前方案中不存在能够直接插入的空闲时段,但该任务可以与当前方案中的某个任务进行合并。针对观测而言,任务合并指的是观测开关机和观测模式的双重合并,以可见光成像卫星为例,两个规划元任务可合并不仅要求两个任务的观测时间窗之间有交集,还要求可见光卫星侧摆角度(观测模式)接近或相同,即卫星传感器能在不改变角度的前提下,对两个交叠的规划元任务完成成像。计算过程示意图如图4-3所示。

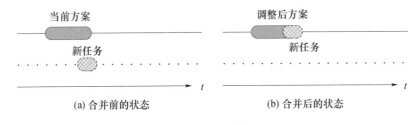

图4-3 任务合并算子计算过程示意图

3. 任务仲裁算子

任务仲裁是指新规划元任务与当前方案中的某个规划元任务存在时间上的冲突,且无法进行任务合并,则需要遵循一定原则发起任务仲裁,以确定将要执行的任务。计算过程示意图如图4-4所示。

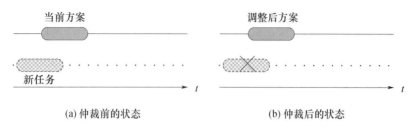

(a) 仲裁前的状态　　　　　　(b) 仲裁后的状态

图 4-4　任务仲裁算子计算过程示意图

通常情况下,卫星资源动态重调度是一个动态连续的过程,相离、相交、包含三种情形可能无固定规律地交替出现。插入更重要的新任务可能将使得规划系统中某个任务 A 被放弃,从而产生新的可用观测时间窗口,为了能够最大化利用资源,一般可通过建立冲突队列的方法进行处理。例如,在每次协调时,对于协调成功的任务 A,建立一个冲突队列,将与任务 A 有时间窗口冲突而无法完成的任务加入到 A 的冲突队列中,并按优先级排序;若需要取消任务 A 时,则直接从冲突队列中按照优先级依次寻找可能的替代任务,重新利用时间窗口。计算过程中冲突队列存储元素变化方式如表 4-1 所列,调整流程示意图如图 4-5 所示。

表 4-1　冲突队列存储元素变化方式

任务	冲突队列
A	M,N
B	A

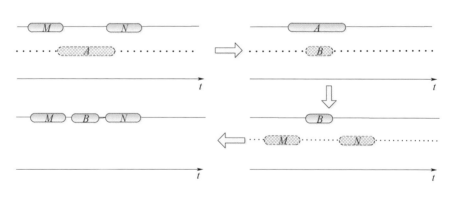

图 4-5　基于冲突队列的调整流程

4.2.3　启发式动态重调度新任务插入的具体规则

动态重调度需要同时兼顾形成方案的优化性和时效性,鉴于 4.1 节描述的

动态重调度问题非常复杂,很多学者提出基于启发式的求解思路[52,132],大致分为如下几种方法:

1. 基于任务优先级的直接插入规则

与地面集中式任务规划方法类似,基于任务优先级的启发式插入规则仍以最大化观测收益为优化目标。基于任务优先级的直接插入规则将新插入任务中优先级较高的那些任务优先插入到初始方案中,这是生成高收益重调度方案的一种朴素和直接的思路。

具体而言,基于任务优先级的启发式插入规则的核心思想:在不改变初始方案的基础上,根据新到达规划元任务 $task_i$ 优先级的大小依次插入到相应卫星资源的时间轴上,逐一检查每一个新插入的任务 $task_i$ 是否满足约束条件,若满足,则插入成功;若不满足,则取消插入。基于优先级的直接插入规则流程如图 4-6 所示。

关于规划元任务优先级的计算有多种方法,根据动态重调度的实际应用场景,常用的包括用户自定义的优先级 ψ_{task}、任务迫切度 ρ_i、任务拥挤度 C_task_i 等[61,131]。

任务迫切度定义为

$$\rho_i = \frac{\psi_{task}}{\text{Num\_win}_i} \quad (4-2)$$

式中:Num_win_i 为规划元任务 $task_i$ 对应地面目标的访问时间窗数目,即在当前规划时段内单星或多星能对该规划元任务对应地面目标进行观测的累积访问时间窗数目。由定义可知,该地面目标对应的访问时间窗数目越多,其观测机会越多,任务迫切度 ρ_i 越低。

任务拥挤度 C_task_i 定义为在所有新到达的规划元任务中,位于 $task_i$ 对应的时间范围内的所有规划元任务的个数。易知,在实际任务规划场景中,可能有多个规划元任务位于同一时间区间,导致具有不同观测收益的规划元任务可能在时间窗上存在冲突。若简单使用优先级 ψ_{task} 直接插入,高优先级的任务可能占用低优先级或是后续到达的同等优先级的时间窗口。若在考虑优先级 ψ_{task} 的同时考虑任务拥挤度,将优先级高且拥挤度低的规划元任务先行进行插入,则有可能扩大观测地面目标的个数,提高总体的观测效益。

2. 基于迭代修复的插入规则

与基于任务优先级的直接插入规则不同,基于迭代修复的插入规则在处理新到达规划元任务时不仅考虑规划元任务的优先级,同时也考虑了当前插入规

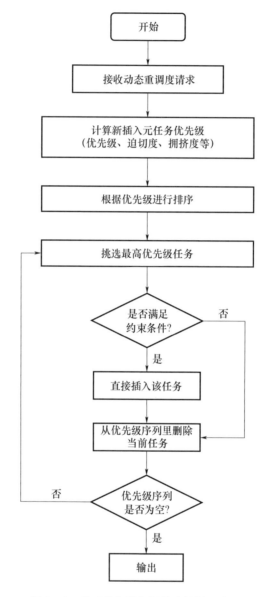

图 4-6 基于任务优先级的直接插入流程

划元任务对整体方案的影响。

具体而言,基于迭代修复插入规则的核心思想:从初始方案出发,考察新到达规划元任务 $task_i$ 插入初始方案后是否会形成冲突,若未形成冲突,则遵照基于任务优先级的直接插入规则处理即可;若形成冲突,则将与当前新加入的规划元任务 $task_i$ 冲突的其他规划元任务的集合记为 $Conflict\_task_i$,迭代遍历该集合中的规划元任务,根据收益最大及约束检测规则决定拒绝 $task_i$ 的插入,或者删除 $Conflict\_task_i$ 中个别规划元任务以保证 $task_i$ 的插入。

在实际应用基于迭代修复的插入规则时需要注意:①若新到达的规划元任务较多,仍可基于新到达任务的优先级顺序进行迭代修复;②基于迭代修复的插入规则可能会对初始方案进行改变,也可能不会对初始方案进行改变,这里的改变主要指新达到规划元任务的增加或者初始方案中规划元任务的删除;③基于迭代修复的插入规则的一个核心步骤是针对冲突集合 $Conflict\_task_i$ 设计退出规则,可结合最大观测收益及约束检测规则来构建退出规则,也可直接根据迭代修复的具体目标来设定退出规则,较为常见的一种退出规则是基于最大自由度以及基于自由度比例的规划元任务退出规则[133];④由于需要逐一考察每一个新到达规划元任务对当前方案的冲突,若当前新到达任务与已安排的新到达任务之间产生冲突,则可能导致之前已安排的新到达规划元任务被删除,为避免该情况的发生,可以对已安排的新到达规划元任务设置保护规则,不允许其发生变化。

图 4-7 给出了一种具体的基于迭代修复的规划元任务插入流程,该流程结合了基于优先级的直接插入规则,在退出规则上选用的是基于最大观测收益及约束检测规则。

3. 综合型启发式插入规则

动态重调度方法在处理实际规划问题时通常有如下要求:①尽可能减少动态调整的次数;②尽可能减少新方案与初始方案的差异;③尽可能减少调整时间;④尽可能保持调整后的调度方案最优。其中,要求①与重调度的驱动策略有关,要求②和要求③与算法的原理和运算步骤相关,要求④与算法的收益相关。

分析上述基于任务优先级直接插入和基于迭代修复插入的两种启发式动态重调度算法,一方面,二者原理相对简单,算法流程上主要是针对新到达任务做遍历运算,满足要求③;另一方面,基于任务优先级的直接插入方法对初始方案的规划元任务安排没有任何影响,基于迭代修复的插入启发式算法虽然会使得少数已安排任务的退出,但其生成的新方案与初始方案的差距一般较小,由此它们也符合要求③;但是,由于仅仅考虑了规划元任务直接插入和迭代修复两种操作,二者在处理规划元任务重叠、卫星空闲资源利用等方面存在明显不足,导致上述两种方法生成的新方案虽然稳定性较好,但整体收益相对较低。

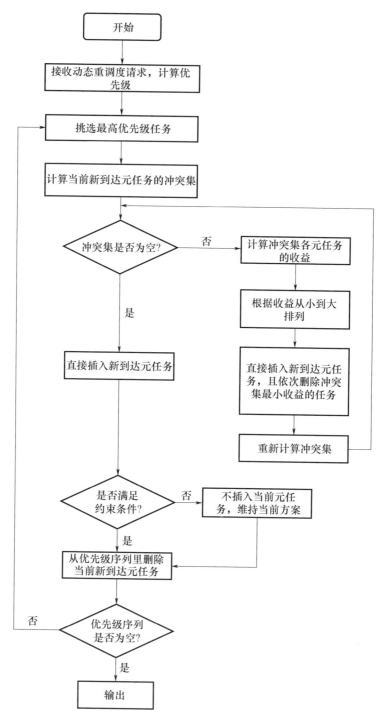

图4-7 典型的基于迭代修复的插入规则处理流程

为了进一步提升启发式卫星任务动态重调度算法的收益,部分研究工作还增加了规划元任务替代、规划元任务合并、规划元任务移位等操作[57-59,61],其启发式重调度算法实际上全部或部分包含了针对规划元任务的直接插入、移位、合并、替换和迭代修复的操作,是一种综合型的启发式插入算法。

针对具体的动态重调度场景,可依据如下规则设计和使用启发式算法:若侧重于关注保持初始方案的稳定性,且基本不允许对已安排任务进行修改时,建议使用基于任务优先级的直接插入和基于迭代修复的插入两种启发式算法;若侧重于重调度的整体效益,且允许对已安排任务进行修改时,建议同时考虑规划元任务的直接插入、移位、合并、替换和迭代修复等操作,形成综合的启发式动态重调度算法,且注意在算法实现时找到算法收益和新旧方案稳定性的折中。

4.3 基于智能优化算子的卫星资源动态重调度方法

4.3.1 基于 SWO 的动态重调度方法

4.2 节介绍的基于启发式策略的卫星任务动态重调度方法本质上是基于一定的启发式规则,合理地选择新任务的插入位置,其能在较短时间内对任务变化的场景做出响应。本节将介绍基于启发式局部搜索技术的卫星任务动态重调度方法,虽然计算时间较基于启发式策略的动态重调度方法略长,但通常可以获得更优化的重调度计算结果。

SWO(Squeaky-Wheel Optimization)是一种典型的启发式局部搜索方法,已在图着色、地面站调度、卫星确定性调度、天基天文观测调度等多个领域得到成功应用[125]。本节将介绍基于记忆效应 SWO 算子[134]的卫星动态重调度方法(Satellites Dynamic Scheduling Algorithm based on Memorized SWO,SDSA)。下面首先介绍基本 SWO 算子的组成与优化过程。

1. 基本 SWO 优化算子

SWO 算子的核心思想是一个"构造—分析—优先级调整"的迭代过程,如图 4-8 所示。SWO 算子由三部分组成,即构造器、分析器和优先级排序器。对于一个调度问题,构造器依据任务优先级通过贪婪的方式构造出问题的一个初始解;分析器对构造器生成的调度结果进行分析,找出结果的缺点,并评价出各任务相应的责罚值;优先级排序器通过责罚值对任务重排序,以引导构造器优先安排责罚值大的任务,重新生成调度结果。上述过程循环进行,直到找到最优解或算法退出。

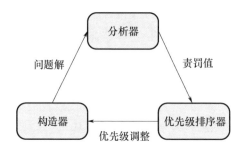

图 4-8 SWO 算子迭代过程示意图

2. 基于记忆效应 SWO 的动态重调度算法设计

在 SDSA 中,任务被分为已安排规划元任务序列(Assigned)和未安排规划元任务序列(UnAssigned)两类。初始状态下,已安排规划元任务序列是 $\cup_{s \in SAT} JOB_{init}^s$,未安排规划元任务序列是 $\cup_{s \in SAT} Task_{new}^s$。SDSA 迭代过程中,SWO 算子不断试图安排责罚值大的未安排规划元任务,并对已安排规划元任务序列进行约束修正,过滤动态重调度评价值较低的冲突规划元任务(将这些规划元任务加入到未安排规划元任务序列中)。算法退出时,已安排规划元任务序列对应了 $\cup_{s \in SAT} JOB_{new}^s$。SDSA 框架描述如下。

算法名称:SDSA

输入:初始调度结果 $\cup_{s \in SAT} JOB_{init}^s$,新到达规划元任务集合 $\cup_{s \in SAT} Task_{new}^s$

输出:动态重调度结果 $\cup_{s \in SAT} JOB_{new}^s$

```
begin
1 set Assigned = ∪ s∈SAT JOB_init^s, UnAssigned = ∪ s∈SAT Task_new^s
2 Blame = Analyzer(UnAssigned)
3 Prioritizer(UnAssigned,Blame)
4 (Assigned,UnAssigned) = Constructor(Assigned,UnAssigned)
5 if 算法满足结束条件 then
6     exit
7 else goto 2
8 end if
9   ∪ s∈SAT JOB_new^s = Assigned
end
```

在 SDSA 中,语句 1 是初始化过程。语句 2~4 分别调用分析器(Analyzer)、优先级排序器(Prioritizer)和构造器(Constructor)进行迭代搜索操作。语句 5~8 进行算法结束条件判断,如果算法满足结束条件则退出,否则继续进行优化过程迭代操作。

与基本 SWO 算子不同,在 SDSA 中,分析器和优先级排序器仅作用于未安排规划元任务序列 UnAssigned 上,而构造器的作用对象是已安排规划元任务序列 Assigned 和未安排规划元任务序列 UnAssigned。为防止任务被反复的安排和取消,在迭代过程中引入了记忆效应。下面将详细介绍分析器、优先级排序器、构造器的设计及执行过程。

(1) 分析器(Analyzer)设计。

分析器是 SWO 算子的核心,分析器算法将直接影响到 SWO 的优化效果和优化性能。分析器对未安排规划元任务序列 UnAssigned 中每个规划元任务给出责罚值。这里与第 3 章类似,主要考虑任务重要性优化准则,以规划元任务 i 为例,认为任务优先级高的规划元任务责罚值大。

$$\text{Blame}^i = \frac{\psi_{Ti}}{\sum_{j \in \text{UnAssigned}} \psi_{Tj}} \tag{4-3}$$

在迭代过程中,还需考虑一些因素,对责罚值 Blame^i 进行修正,具体包括:

① 任务变化率。如果重调度变更度 ζ 超过了 $\zeta_{\max}$,则初始调度结果 $\cup_{s \in \text{SAT}} \text{JOB}_{\text{init}}^s$ 中各规划元任务责罚值增大。

$$\text{if } \zeta > \zeta_{\max}, i \in \text{UnAssigned} \cap (\cup_{s \in \text{SAT}} \text{JOB}_{\text{init}}^s)$$
$$\text{Blame}^i = \text{Blame}^i + \max_{j \in \text{UnAssigned}} (\text{Blame}^j) \tag{4-4}$$

② 记忆效应。为了防止一个规划元任务在迭代过程中被反复的安排、取消、再安排,我们设计了一个记忆列表,保存各个规划元任务被安排和取消的次数。如果一个规划元任务曾经被安排,然后又被取消,则其责罚值将减小。一个规划元任务被安排、取消的次数越多,则责罚值将衰减得越小。

$$\forall i \in \text{UnAssigned}, \text{Blame}^i = \text{Blame}^i \cdot (\gamma)^{\text{ADT}^i} \tag{4-5}$$

式中:ADT^i 为记忆列表中保存的任务 i 被安排及取消的次数;$\gamma \in (0,1)$ 为衰减因子。在 SWO 算子中引入记忆效应有利于加速 SDSA 收敛速度,增强算法实时性。

(2) 优先级排序器(Prioritizer)设计。

优先级排序器按责罚值由大到小顺序对未安排规划元任务序列排序,采用的核心算法是经典的快速排序算法。

(3)构造器(Constructor)设计。

构造器的作用是从已排序的未安排规划元任务序列中依次选出各个规划元任务,将其插入到已安排规划元任务序列中,如果已安排规划元任务与当前规划元任务无冲突,则插入成功,否则将计算当前规划元任务和与之冲突的已安排规划元任务的动态重调度评价值,安排动态重调度评价值高的规划元任务,过滤动态重调度评价值低的规划元任务,并将被过滤的规划元任务添加到未安排规划元任务序列中;如果与当前规划元任务冲突的是本轮刚插入到已安排规划元任务序列的未安排规划元任务,则直接过滤当前规划元任务。构造器算法 SWO_Constructor 主要步骤如下:

算法名称:SWO_Constructor
输入:已安排规划元任务序列 Assigned、未安排规划元任务序列 UnAssigned
输出:更新后的已安排规划元任务序列 Assigned_new
　　　更新后的未安排规划元任务序列 UnAssigned_new

```
begin
1 set Assigned_new = Assigned,UnAssigned_new = φ,
                     UnAssigned1 = UnAssigned
2 while  UnAssigned! = φ
3    取出 UnAssigned 中第一个元素 task
4    从 T^task 尚未安排的工作模式备选集合中随机确定 task 的工作模式
5    ConflictSet = GetConflictTask(Assigned_new,task)
6    if ConflictSet = φ then
7         将 task 插入到 Assigned_new 中
8    else if ConflictSet ∩ UnAssigned1 = NULL  then
9         计算 task 和 ConflictSet 中各规划元任务的动态重调
             度评价值
10            if (ConflictSet 中所有规划元任务动态重
                 调度评价值之和不大于 task)
                 或 (task ∈ ∪_{s∈SAT} JOB_{init}^{s},且 ξ≥ξ_{max})  then
11                从 Assigned_new 中删除 ConflictSet
                     中的所有规划元任务
```

```
12                   将 task 插入到 Assigned_new 中
13                   将 ConflictSet 中的所有规划元任务添
                     加到 UnAssigned_new 中
14               end if
15           else 将 task 插入到 UnAssigned_new 中
16       end if
17       从 UnAssigned 中删除任务 task
18 end while
end
```

构造器算法中,语句 5 通过函数 GetConflictTask 将已安排规划元任务序列 Assigned_new 中与当前考察的规划元任务 task 冲突的所有规划元任务取出,组成冲突规划元任务集合 ConflictSet,以便后续处理。当未安排规划元任务序列中所有任务均依次被考察一次后,构造器算法 SWO_Constructor 退出。

4.3.2 基于演化计算的动态重调度方法

第 3 章中,介绍了确定性条件下的卫星对地观测任务规划算法 SOCSA。SOCSA 基于演化计算方法构建,鉴于演化计算具有天然的动态重调度特征,本节将对 SOCSA 进行扩展,提出基于演化计算的卫星对地观测任务动态重调度算法(Satellites Observation Task Re-Scheduling Algorithm based on evolution computation,SORSA),其算法框架与 SOCSA 类似,如图 4-9 所示。

由图 4-9 可见,SORSA 分为两个运行阶段。算法第一次运行时,进入阶段 1,SORSA 首先随机初始化种群,然后调用交叉、变异、选择算子迭代寻优,当满足算法退出条件时,输出规划结果。阶段 1 运行结束后,算法进行阶段 2 的运行过程,在算法运行阶段 2 中,当前种群的所有信息将被保存到种群池,称为场景保持,然后算法进入待机伺服状态,当有新任务到达时,则基于种群池中个体信息基本结构重新构建涵盖新到达任务场景的种群,算法再次进入阶段 1 运行状态,对新构建的种群中个体进行交叉、变异和选择操作,直至算法结束条件满足,输出规划结果,并再次进入阶段 2 运行状态。SORSA 按上述步骤循环运行,直至卫星对地观测方案被最终确定,并上传至卫星。

SORSA 的阶段 1 与 SOCSA 完全相同,其编码方法、种群初始化方法、交叉、变异、选择算子均与 SOCSA 一致,这里不再赘述。下面将主要介绍 SORSA 阶段

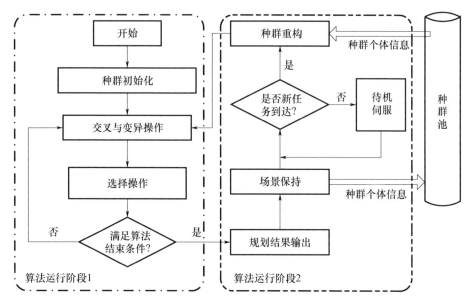

图 4-9 SORSA 主要步骤

2 中两个主要步骤,即场景保持与场景重构。

1. SORSA 场景保持

场景保持即将当前种群中个体保存到种群池中。需要注意的是,考虑到当前种群中可能有完全相同的个体,所以在将当种群中个体保存到种群池之前,还需要进行去重复操作。

2. SORSA 场景重构

场景重构即是将种群池中个体取出,并结合新到达的对地观测任务,形成新的个体,如图 4-10 所示。

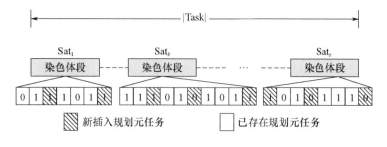

图 4-10 加入新任务后的种群更新示意图

图 4-10 中,带阴影方块表示新插入的规划元任务,白色方块表示已存在的规划元任务。个体编码的含义与 3.2.1 节中 SOCSA 的编码完全相同,即 1 表

示卫星将执行该任务,0 表示不执行。同一颗卫星的规划元任务按照任务开始时间顺序排列。

由于在场景保持步骤中,进行了种群个体去重复操作,因此种群池中个体数量通常小于种群规模要求。于是,首先将种群池中全部个体取出,放入到新种群中,如果新种群规模尚不满足要求,则从种群池中按均等概率随机取出个体,补充到新种群中,直至新种群规模达到要求。新到达的对地观测目标被分解为规划元任务后,插入到种群所有个体对应卫星的编码序列中,并随机初始化其执行状态,至此,场景重构完成。后续的交叉、变异、选择操作基于新构建的种群进行。

第 5 章　分布式卫星任务规划模型与方法

第 3 章和第 4 章分别介绍了在集中式场景下,卫星任务初次规划与重调度的相关技术。本章将介绍在分布式场景下的卫星任务规划方法。分布式卫星任务规划与集中式卫星任务规划各有利弊,适用于不同的应用场景,共同构成了多星联合任务规划主流技术体系。分布式卫星任务规划基于分布式人工智能中的 Multi-Agent 系统(Multi-Agent System,MAS)理论,将参加规划的每一颗卫星看成一个具有智能性的 Agent,各卫星 Agent 基于自身能力和收益承担对地观测任务,并与其余卫星 Agent 交互协商,从而快速形成多星对地观测任务规划方案。本章通过对多星分布式任务规划问题的描述,以及对其适用场景和 Multi-Agent 系统架构模型的分析,建立基于对地观测卫星分布式任务规划模型,最后提出了基于合同网协议、黑板模型等协同机制的分布式卫星任务规划方法。

5.1　问题描述与分析

5.1.1　分布式卫星任务规划问题的提出

在集中式规划场景下,多颗对地观测卫星通常在地面卫星运行控制中心的统一规划调度和组织管理下执行对地观测任务,卫星中心能够在获取所有的卫星信息和数传资源信息的基础上进行规划,具有良好的全局优化与求解能力。然而,集中式卫星任务规划模式具有如下的天然局限:

(1) 求解时间较长。卫星中心基于所有卫星的状态信息进行全局优化求解,计算复杂度较高,随着目标观测请求规模增长、卫星数量增加,卫星中心的计算量巨大,计算时间会大幅增加[25]。

(2) 动态适应性低。在集中式卫星任务规划模式下,在卫星对地观测方案形成后,如有新任务到达,则要么废弃现有方案,重新对所有任务进行规划计算(如第 3 章介绍);要么采用启发式修正方法,对现有方案进行局部微调,将新任务插入到现有方案中(如第 4 章介绍)。重新计算耗时太长,通常不可取。而如果新任务随时到达成为常态,则现有方案反复被修改,将导致方案优化性急剧降低[135]。因而,卫星任务集中式规划模式,难以对持续变化的任务与资源环境做出合理响应。

(3) 可扩展性不足。集中式卫星任务规划方法与卫星具体约束耦合非常紧密,当有新的卫星资源加入时,需要调整原有规划算法以适应新的卫星,导致集中规划方式难以扩展。当新加入卫星与系统中原有卫星载荷与使用方法存在较大不同时,甚至需要对现有集中式任务规划方法进行重新设计[136]。

(4) 构件封装性弱。在集中式卫星任务规划方法中,每一颗卫星的能力与约束都需要进行数学建模,所以卫星中心需要掌握每一颗卫星的技术参数。而实际上,不同系列的卫星通常由不同的卫星运控中心管理,卫星技术参数通常不便相互公开。在这样的场景下,集中式卫星任务规划方法难以应用[137]。

鉴于此,分布式卫星任务规划方法应运而生。分布式卫星任务规划模式下,将多颗对地观测卫星任务规划器建模为具有智能性的 Agent,卫星 Agent 之间通过共享、交换各自的任务、资源、设备状态等信息实现对自身承担任务的规划和决策,从而协同分配对地面目标的观测任务。相较于集中式卫星任务规划方法而言,分布式卫星任务规划方法的特点和优势在于:

首先,不同的卫星 Agent 可以部署在不同的计算节点上,算法具有天然的并行性。卫星 Agent 之间通过高效的协商算法快速完成对地观测任务的分配,进一步缩减了计算时间。

其次,分布式任务规划方法处于"在线规划"模式,能够实现对地观测任务"随遇随处理"。当有任务到达时,各卫星 Agent 将根据自身能力、收益和已承担任务情况决定是否承担该任务。同时与其余卫星 Agent 协商,重复观测或均不观测。在这样的模式下,只要有任务到达,则规划计算启动。与集中式任务规划中初次规划采用全局择优,动态重调度中采用局部启发式修正的处理方法完全不同。

再次,卫星分布式任务规划基于分布式人工智能中的 Multi – Agent 系统的理论,当有新的卫星资源加入时,只需要将其建模为新的卫星 Agent,然后注册到 Multi – Agent 系统中,则规划计算与多星协商即可正常进行。系统中原有卫星 Agent 与协商协议无需变化。同理,当某卫星失效或需要退出规划时,只需要在 Multi-Agent 系统中注销该卫星 Agent 即可。

最后,在分布式卫星任务规划中,既可以将某颗卫星建模为一个 Agent,也能够将某个卫星中心建模为一个 Agent。Agent 规划计算可以很好地封装在 Agent 内部,各中心管辖的卫星技术细节并不用相互公开,但多个中心之间采用协商算法依然可以进行卫星分布式协同任务规划,共同分配对地观测任务。

可见,采用分布式卫星任务规划理论能很好地解决集中式卫星任务规划中的局限。为方便表述,在分布式卫星任务规划中,我们将参与规划的多颗卫星称为分布式卫星集群。分布式卫星任务规划的基础理论是分布式人工智能中的 Agent 与 Multi-Agent 系统理论,下面将分别进行介绍。

5.1.2 Agent 与 Multi-Agent 系统

20 世纪 50 年代中期,McCarthy[138] 首次提出了 Agent 的思想。近 70 年来,Agent 特别是 Multi-Agent 系统受到了广泛的关注,智能 Agent 和 Multi-Agent 系统的研究已成为人工智能,甚至计算机科学的研究热点[139-140]。

Agent 的原意是"代理",即一个人代表另一个人(或组织)去完成特定的任务。计算机领域更多从广义角度,认为 Agent 表示基于硬件或者基于软件的计算机系统,并具有自主性(Autonomous)、反应性(Reactivity)、社会性(Social Ability)与主动性(Proactiveness)等特征。

结合分布式卫星任务规划问题,本节给出 Agent 的定义:Agent 存在于一定环境之中并可以感知和影响其存在环境;Agent 具有自主目的性,为了达到自身目的,能够安排自身活动;Agent 能够与存在于环境中的其他 Agent 交换信息。基于本书给出的定义,Agent 通常具有以下三个重要属性:

1. 感知性

Agent 存在于一定环境中,环境将影响 Agent 问题求解行为和策略,因此 Agent 需要随时感知环境的变化,以确保目标的适宜性和计划的可行性。

2. 自治性

Agent 具有自主思考及决策功能,对于自身或者环境发生的任何变化可以根据自身的状态独立做出决策,不需要人或其他 Agent 的介入,并能控制自身行为作用于外部环境,但 Agent 在决策过程中可以使用来自其他 Agent 的信息。

3. 交互性

虚拟环境中的多个 Agent 间可通过一定的通信方式实现信息交换,各 Agent

在进行自主思考和决策时可参考其他 Agent 的信息,并能够对接收到的信息进行推理,从经验中学习。

Multi-Agent 系统是分布式人工智能(Distributed Artificial Intelligence, DAI)研究的热点。分布式人工智能主要研究在逻辑或物理上分散的智能系统如何并行地、相互协作地实现问题求解,是对人类协作分工合作机制的计算机模拟[141]。分布式人工智能有分布式问题求解(Distributed Problem Solving, DPS)和 Multi-Agent 系统两个重要分支。随着研究工作的深入,两个分支有逐渐融合的趋势,依据参考文献[142]、[143]等的观点,Multi-Agent 系统可看成是分布式问题求解的进一步发展。

Multi-Agent 系统是由若干相互独立的 Agent 为完成某些任务或达到某个目标而组成的松散耦合分布式自治系统。基于 Simon 等[144]的"有限理性"(Bounded Rationality)和 Minsky 等[145]的"心智社会"(Society of Mind)的观点,Multi-Agent 系统可看成是由多个 Agent 组成的虚拟社会。各 Agent 之间通过推理、规划、协商、谈判等方法进行协作分工,共同完成单个 Agent 难以完成的复杂任务。Multi-Agent 系统主要研究多个 Agent 如何协调各自的知识、目标、策略和规划以协作采取行动或求解问题。所以,Multi-Agent 系统对外部环境的作用与反作用通过各成员 Agent 的交互、协作来实现。Multi-Agent 系统的特点体现在每个 Agent 的自治能力和各个 Agent 之间的协作能力两个方面。与单个 Agent 相比,Multi-Agent 系统中每个成员 Agent 仅能获取部分信息,因而其观点和求解能力均是局部的。系统中不存在全局控制,数据是分散或分布的,计算过程是异步、并发或并行的。Multi-Agent 系统具有以下主要特点:

1. 社会性

在 Multi-Agent 系统中,Agent 处于由多个 Agent 共同组成的虚拟社会中,单个 Agent 作为虚拟社会中的一份子,可以与社会中其他 Agent 相互通信、合作、协商、竞争、谈判、管理、控制等,以达到自身的目的,实现相应的社会价值。

2. 异构性

为了完成不同的协作分工,Multi-Agent 系统中各成员 Agent 通常具有不同的能力。于是由不同任务处理能力的 Agent 组成的 Multi-Agent 系统表现出异构特性。

3. 协作性

处于虚拟社会中的各 Agent 所要完成的任务通常较为复杂,需要多个 Agent 相互协作共同完成。于是,协作性是 Multi-Agent 系统的本质要素。Multi-Agent 系统中具有不同目标的各个成员 Agent 可以相互协商、协同来完成问题求解,以提高整个系统解决问题的能力。

由于在同一个 Multi – Agent 系统中各成员 Agent 具有社会性、异构性和协作性等特点,因此 Multi – Agent 系统技术对于复杂系统具有较强的表达能力,它为各种实际系统提供了一种统一的模型,从而为各种实际系统的研究提供了一种统一的框架。

在分布式卫星任务规划过程中,分布式卫星集群可看成是一个分布式智能系统(虚拟社会),卫星集群中各成员卫星均具有自治能力,且可以相互协作共同完成复杂的对地观测任务。利用 Multi – Agent 系统对分布式卫星任务规划问题进行建模是当前研究的主要思路。

5.2 基于 Multi – Agent 系统的分布式卫星任务规划模型

5.2.1 Multi – Agent 系统社会角色分析

要建立基于 Multi – Agent 系统的分布式卫星任务规划模型,首先要明确的是需要将分布式卫星集群中哪些元素、对象映射为 Agent。根据对地观测卫星个体相互独立和卫星位置分布性特点,本节将分布式卫星集群中单个成员卫星及卫星内部组件作为一个整体,映射为 Agent。那么,各成员卫星 Agent 组成 Multi – Agent 系统。由于 Multi – Agent 系统中各成员 Agent 的社会性和异构性特点,如果各成员卫星 Agent 协作分工不同,则卫星集群 Multi – Agent 系统的组成结构也不同。

接下来对分布式卫星集群中各卫星协作分工进行分类,讨论基于各种不同 Multi – Agent 系统组成结构的卫星集群特性。Schetter 等[146]以 TechSat 21 项目为背景,研究了分布式卫星集群中具有不同自治能力的卫星的协作分工。按照 Schetter 等的研究结论,卫星 Agent 可分为 I_1、I_2、I_3 和 I_4 4 个层次,如图 5 – 1 所示。其中,I_1 代表自治能力最强的卫星 Agent,而 I_4 卫星 Agent 的自治能力最弱。

I_4 表示只负责接收和执行任务的卫星 Agent,它只能接收来自其他卫星 Agent 的命令和任务并且执行。卫星仅仅是一个任务执行器。

I_3 表示具有局部规划能力的卫星 Agent,这里的局部是指卫星 Agent 能够生成与它自身任务相关的规划,这种规划仅涉及卫星本身,不涉及整个卫星集群。

第5章　分布式卫星任务规划模型与方法

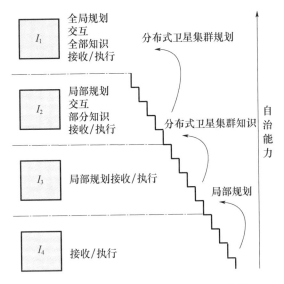

图 5-1　不同社会角色的卫星 Agent 分类

I_2 表示的卫星 Agent 添加了与其他卫星 Agent 交互的能力。这类 Agent 可与其他卫星 Agent 通过协调和协商方式解决需求冲突，使整个系统性能得到提升，这往往需要 Agent 具有关于整个 Multi-Agent 系统的部分知识，即具有其他卫星 Agent 的相关知识，但其不具备获取整个卫星集群内所有信息的能力。

I_1 表示卫星集群中自治能力最强的卫星 Agent，这类卫星 Agent 能够获取卫星集群中所有卫星的信息，其可以生成整个卫星集群的规划方案，将卫星集群承担的任务分配给合适的卫星执行。

如果按照上述 4 个层次的卫星 Agent 所具有的不同自治能力进行协作分工，使得各成员卫星 Agent 承担相应的分工责任，可组成不同 Multi-Agent 系统结构的卫星集群。Schetter 等[146]等提出了几种通用结构，主要包括自顶向下结构、集中式结构、分布式结构和完全分布式结构，其结构示意图和相互关系如图 5-2 所示。

图 5-2 给出了卫星 Agent $I_1 \sim I_4$ 组成的各种 Multi-Agent 系统结构。从图中可以看出，自顶向下结构形成了一个主从结构。位于最高层次的 I_1 卫星 Agent 做出整个卫星集群的规划方案，并将相关任务分配给底层的 I_4 卫星 Agent 执行即可。位于集中式结构底层的是 I_2 和 I_3 卫星 Agent。在集中式结构中，I_1 卫星 Agent 首先对整个卫星集群的任务进行规划，然后将具体的任务分配给 I_2 和 I_3 卫

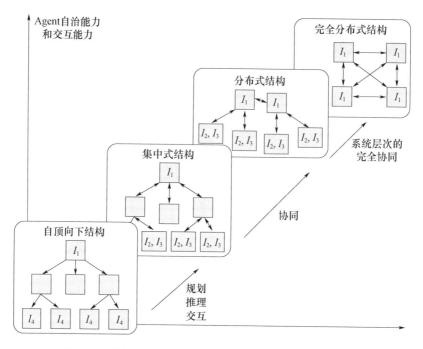

图 5-2 分布式卫星集群的各种多 Agent 结构及其相互关系

星 Agent，由 I_2 和 I_3 卫星 Agent 进行进一步的规划，最后确定执行计划。分布式结构的 Multi-Agent 系统是一种更加理想的结构，其具有分布的层次结构，可以看作是多个集中式结构的联合。采用这种结构可以充分利用各卫星 Agent 的适应性、分布性和自主性能力。完全分布式结构假设卫星集群中所有卫星均具有 I_1 卫星 Agent 的自治能力，各卫星 Agent 之间均可以进行卫星集群层次的规划决策计算。在完全分布式结构中，卫星 Agent 之间不存在层次，其扁平化的组织结构保证了系统的高度灵活性和可靠性。但是这种结构中 Agent 之间通信的开销相对较大，因为任何一个 Agent 都可以做出全局决策，导致各卫星 Agent 之间的交互协议非常复杂，交互信息冗余量也较大。

5.2.2 卫星 Agent 模型构建

基于上述分析，以及分布式卫星集群智能化与协商成本的综合考虑，可以将各卫星均建模为具有 I_2 或 I_1 智能的 Agent。那么，自顶向下结构和集中式结构中因包含自治能力为 I_3 和 I_4 的卫星 Agent 而不适合分布式任务规划问题。而完全分布式结构的协商效率较低，且协同计算代价较大。于是本书介绍以分布式结构作为多星 Multi-Agent 系统的组织结构。针对 Schetter 等[146]提出的分布式结构中"卫星的协作分工一旦确定就不再变化"的假设的局限性,本节提出协作分工可变的分布式结构 Multi – Agent 系统作为对地观测卫星集群的组织结构,在该结构中,各卫星的协作分工是变化的,但在任意时刻,卫星集群中仅有一颗卫星的协作分工为I_1,其余卫星的协作分工为I_2。

基于上述分析,本节建立了分布式卫星集群 Multi – Agent 系统模型,如图 5 – 3 所示(以 5 颗卫星组成的集群为例)。图 5 – 3(a)中,各个 Agent 均代表卫星集群中的一颗卫星,Agent 之间可通过星间链路交换信息。图 5 – 3(b)是某一时刻卫星集群 Multi – Agent(b)协作分工。假定当前时刻 Agent 1 协作分工为I_1,其具有规划整个卫星集群的能力,Agent 2 ~ Agent 5 的协作分工为I_2,具有卫星集群局部规划能力。

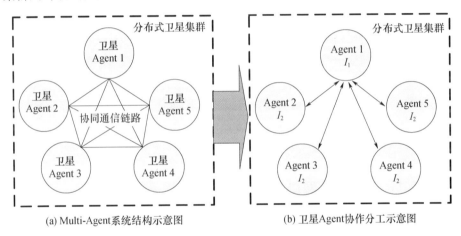

(a) Multi-Agent系统结构示意图　　(b) 卫星Agent协作分工示意图

图 5 – 3　分布式卫星集群 Multi – Agent 系统模型

我们采用慎思型 Agent 体系结构对卫星集群中各个成员卫星建模,如图 5 – 4 所示。图 5 – 4 中,任务规划器是卫星 Agent 的核心,负责综合外部信息以及卫星当前状态信息,计算出可承担的规划元任务,然后通过消息发送器告知其余卫星 Agent,并根据与外部卫星 Agent 的协商结果调整自己承担的任务。外界环境感知器负责感知外部环境的动态变化、处理外部卫星 Agent 的协商信息等。卫星状态感知器对卫星状态进行实时监控并将结果提供给任务规划器,以便任务规划器形成决议。记忆体是卫星 Agent 的存储部件,负责存储卫星承担的任务信息,以及所有协商结果信息,为任务规划器提供数据支持。约束检测器负责检测任务规划器形成的规划元任务序列,将不满足卫星约束的规划元任务反馈给任务规划器。

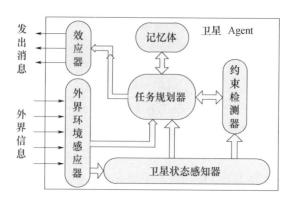

图 5-4　分布式卫星集群成员卫星慎思型 Agent 模型

5.3　基于 Multi-Agent 系统的分布式卫星任务规划方法

卫星 Agent 之间的交互协作机制是 Multi-Agent 系统解决分布式任务规划问题的重要手段,而协作机制的运行基础是协作协议。合同网协议和黑板模型是 Multi-Agent 系统中常用的两种协作机制,本节将介绍基于这两种协作机制的分布式卫星任务规划方法,并提出改进策略。

5.3.1　基于合同网协议的分布式卫星任务规划方法

1. 合同网协议

合同网协议是一种通过任务共享并模拟合同招投标过程实现 Agent 之间有效协作的高级协议[147],可以用于解决多 Agent 任务协作问题[148]。

协议规定,合同网由若干个节点组成,每一个节点即是 Multi-Agent 系统中一个 Agent,这些节点可分为三类:

(1)管理者(Manager)。管理者是产生任务的节点,并负责把任务分配给其他节点。

(2)工作者(Worker)。工作者是完成任务的节点,它们具有完成一定任务的能力。

(3)合同人(Contractor)。合同人是中标的工作者,它必须完成相应的中标任务。

合同网中的问题求解过程如图 5-5 所示。问题求解过程可描述如下:

(1)管理者 Agent 向工作者 Agent 广播任务通知,见图 5-5(a)。

第5章 分布式卫星任务规划模型与方法

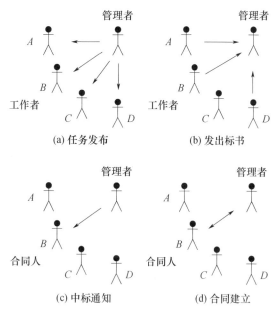

图 5-5 合同网协议问题求解过程

（2）工作者 Agent 接收到任务通知的节点根据任务要求、自己的能力和知识、预期收益等决定是否投标。当工作者 Agent 发现一个合适的任务时，向管理者提交一个投标（Bid），见图 5-5(b)。

（3）管理者会收到许多这样的投标，基于投标的信息，对一个（或多个）任务通知做出反应，选择最合适的一组（或一个）Agent 来完成任务，这些 Agent 就是合同人（Contractor），见图 5-5(c)。

（4）合同人将在管理者的监督下完成合同任务。假设合同人无法完成该任务，则被视为违约而受到相应惩罚，见图 5-5(d)。

对于分布式卫星任务规划问题，可随机选定卫星集群中某个卫星 Agent 作为合同网的管理者。管理者 Agent 接收一系列对地观测目标，并和其余卫星 Agent 协商，完成对地观测任务分配。传统合同网协议规定，管理者 Agent 一次只能对一个对地观测目标进行招标，且后招标的对地观测目标不能抢占已招标对地观测目标所获得的资源。因此，观测目标招标的顺序将直接影响规划结果，很难保证规划结果的优化性，难以达到充分利用卫星资源的目的。对此，可在传统合同网协议的基础上，引入"外包机制"和"免责机制"[149]。其中，"外包机制"的灵感来源于商业社会中的外包代工机制，即某 Agent 如果不能完成某项任务或完成某项任务代价太高，则该 Agent 可将该项任务外包给其他更加适合完成该项任务的 Agent。"免责机制"类似于禁忌搜索算法中的"赦免原则",即认为如果某 Agent 违约(不完成已承担任务)而接受新任务,使整个系统收益增加,则不惩罚该违约 Agent。根据上述思想,设计了基于外包合同网协议的分布式卫星任务规划算法(Satellite Distributed Scheduling Algorithm Based on Outsourcing Contract Net,SDSOC),描述如下:

算法名称:SDSOC
输入:分配给卫星集群的对地观测目标集合 TARGET
输出:卫星集群要执行的规划元任务集合 $\cup_{s\in SAT} TASK_{do}^{s}$

```
begin
1   随机选择一个卫星 Agent s 成为管理者 Agent,TARGET^s = TARGET
2   while TARGET^s ≠ ∅          //TARGET^s 为卫星 Agent s 的招标队列
3       管理者 Agent 取出 TARGET^s 中第一个观测目标 tar,并广播招
        标信息
4       for each k ∈ SAT
5           卫星 Agent k 计算对目标 tar 的访问时间窗,生成规划元任务
6           Agent k 启动单星规划计算,发送投标或不参与信息
7       end for
8       管理者 Agent 分析投标 Agent 的收益值及代价,确定中标 A-
        gent 集合
9       将中标卫星 Agent 集合赋值到 SAT_win 中,并向 SAT_win 中 A-
        gent 发送中标信息
10      管理者 Agent 从 TARGET 中删除任务 tar
11      for each k ∈ SAT_win           //对于每一个中标的卫星 Agent
12          if Agent k 已承担的任务与中标的规划元任务冲突  then
13              卫星 Agent k 将冲突规划元任务从 TASK_{do}^{s} 中删除
14              卫星 Agent k 将冲突规划元任务对应的目标添加到
                自己的招标队列 TARGET^k
15          end if
16          Agent k 将中标的规划元任务插入到要执行的规划元任务
            集合 TASK_{do}^{s} 中
17      end for
18  end while
```

19　管理者 Agent 向其余 Agent 发出广播,寻找下一任管理者 Agent
20　希望成为下一任管理者的各 Agent 向当前管理者 Agent 发送申请信息
21　管理者 Agent 根据各申请人 Agent 待招标目标队列中任务的重要程度选择下一任管理者 Agent;
22　记当前管理者卫星为 Agent s,转至 2
end

在 SDSOC 中,语句 2 中的 TARGET^s 是指管理者 Agent s 待招标的对地观测目标集合。语句 9 中 SAT$_{win}$ 是中标卫星 Agent 的集合。各卫星 Agent 首先通过竞争的方式确定管理者。然后,管理者 Agent 和工作者 Agent 依据合同网协议进行正常的招投标过程,完成任务分配工作。SDSOC 与传统合同网协议的主要区别在于:

(1) 管理者 Agent 是一种特殊的工作者 Agent。因此,管理者 Agent 也参与投标工作。

(2) 如果工作者 Agent 的中标规划元任务与已承担的规划元任务发生冲突,则将冲突规划元任务直接删除(免责原则),并将其对应的观测目标添加到工作者 Agent 的待招标目标队列中。当该工作者 Agent 成为管理者 Agent 时,将对本星待招标目标队列中的各任务进行招标(外包机制)。

2. 基于合同网协议的多 Agent 协作过程

5.3.1 节给出了基于外包机制和免责原则合同网协议的 SDSOC。本节将详细描述 Agent 之间的协作过程。对于 Multi-Agent 系统模型中的一个 Agent,在某一个时刻可能承担的角色为工作者或管理者。基于 Schetter 等的划分方法[146],当 Agent 承担管理者角色时,其协作分工为 I_1;当其承担工作者角色时,协作分工为 I_2。下面将分别描述当某个 Agent 承担工作者角色和管理者角色时与其他 Agent 的协作过程。

1) 工作者 Agent 协作过程

图 5-6 描述了工作者 Agent 与其余 Agent 的协作流程。如果工作者 Agent 收到管理者更替信息,则根据当前待招标目标队列的情况提出申请,如果申请成功,则成为下任管理者 Agent。如果工作者 Agent 收到观测目标招标信息,则首先计算该待观测目标的可访问性,如果该 Agent 对招标观测目标没有访问时间窗(观测任务集合为空),则向管理者 Agent 发送不参与信息;否则,计算出执行该观测目标的收益及代价,生成标书,并向管理者 Agent 投标。标书生成(Form Bid,FB)算法如下:

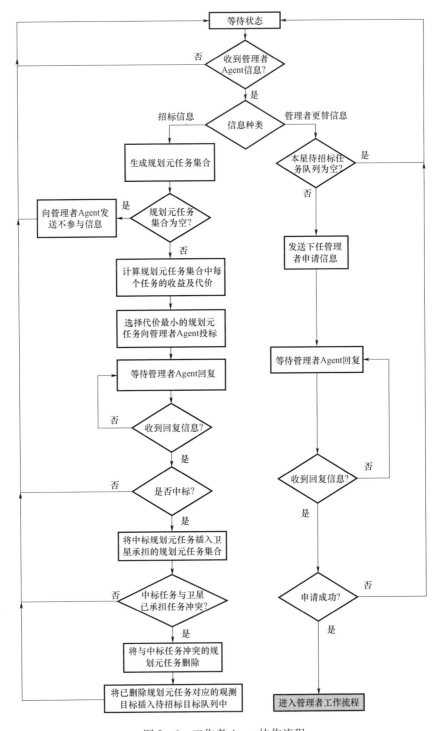

图 5-6　工作者 Agent 协作流程

算法名称：FB
输入：对地观测目标 tar 的招标通知 Notice
输出：卫星 Agent 对对地观测目标 tar 的投标信息 Bid

begin
1 接收到管理者 Agent 对目标 tar 的招标信息 Notice
2 对目标 tar 进行可访问性计算，生成目标 tar 的规划元任务集合 $TASK_{tar}$
3 if $TASK_{tar} = \phi$ then
4   向管理者 Agent 发送不参与信息
5   exit
6 end if
7 for each task $\in TASK_{tar}$
8   计算规划元任务 task 的规划评价值作为投标收益
9   计算与 task 冲突的规划元任务集合 $ConflictSet_{task}$
10   对 $ConflictSet_{task}$ 各任务的规划评价值求和，作为投标代价
11 end for
12 从 $TASK_{tar}$ 中选出代价最小的规划元任务 $task_{min}$
13 使用 $task_{min}$ 生成投标信息 Bid 并向管理者 Agent 投标
end

FB 算法中语句 9 通过计算得到卫星 Agent 中与当前招标规划元任务冲突的已承担任务，并组成冲突任务集合 $ConflictSet_{task}$。

2）管理者 Agent 协作过程

管理者 Agent 在与工作者 Agent 的协作过程中处于主动地位。管理者 Agent 将依次对本星待招标目标队列中对地观测目标进行招标，并依据一定的规则进行评标和任务分配工作。如果招标工作完毕，则向其他 Agent 发出管理者更替信息，并根据设定的规则确认下任管理者 Agent。当确认下任管理者工作完毕后，该 Agent 进入工作者 Agent 工作流程。管理者 Agent 协作过程如图 5-7 所示。

3）管理者 Agent 评标选择策略

管理者 Agent 在收到投标信息后，将对投标信息进行分析，选出最适合承担招标任务的一个或多个卫星 Agent。管理者 Agent 采用基于规则推理的专家系

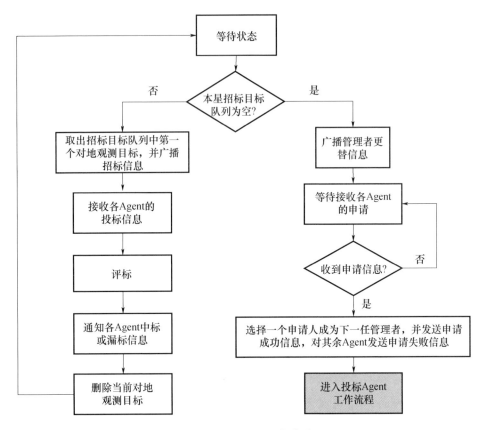

图 5-7 管理者 Agent 协作流程

统(如基于 CLIPS 的专家决策支持系统[126])来进行评标工作,评标规则由地面测控中心预先设定。我们采用的评标规则主要包括:

(1)在任务尚未完成情况下,只要投标收益值大于代价值,则安排中标。

(2)优先选择投标代价最小的投标者。

(3)投标代价相同情况下,选择负载最小的投标者。

规则(1)保证了卫星集群将尽最大努力完成对地观测任务,也体现了"免责原则";规则(2)保证了卫星资源利用率;规则(3)保证了卫星集群中各卫星负载均衡性。

3. 更进一步的探讨

本节将针对合同网协议的不足之处进行分析,并提出相应的改进策略。

1)基于马太效应的改进招标策略[135]

合同网计算框架下,对地观测任务中各个规划元任务的收益是提前分配好的。而在一些特定的应用场景下,一个对地观测任务部分完成与一个对地观测任务全部完成所获得的收益可能并不是成比例的,例如一个任务完成了90%获得的收益可能只有70%甚至更少;因此,若有多个任务,一般总是期望能够优先保证完整地完成其中一部分,剩余的资源再分配给其他任务,以提高任务的完成度。为了解决这一问题,本节借鉴"富者愈富,穷者愈穷"的马太效应(Matthew Effect)理论[150-151]设计了三阶段市场协商机制,其基本思想如下:

(1) 自由协商阶段。预先从每个对地观测任务的报酬中扣除一部分作为奖励报酬,只有当任务全部完成才能获得这部分收益,管理者 Agent 无权对这部分报酬进行分配,各工作者 Agent 以最大化系统整体收益为目标进行迭代协商,直至达到纳什均衡。当迭代次数达到自由协商迭代次数上限时,进入垄断竞争阶段。

(2) 垄断竞争阶段。在这一阶段,完成度较低的对地观测任务退出竞争并释放占用资源,完成度高的任务可优先挑选这些资源以期望其任务需求能够得到完全满足。这一过程结束后,进入重新洗牌阶段。

(3) 重新洗牌阶段。在这一阶段,之前退出竞争的对地观测任务重新加入协商环境,但在协同过程中,若一个任务需求已完全得到满足,则卫星 Agent 在协商过程中不能轻易占用其资源,破坏其完成度。

在上述三个步骤中,自由协商阶段旨在提供一个公平的协商环境,增强算法全局寻优能力;垄断竞争阶段借鉴"马太效应"原理,旨在提高任务执行的完整性,同时加快算法收敛速度;考虑到任务粒度的多样化,一些粒度小、分解方式简单的任务虽然报酬值较小,但因其全部完成概率较大而在垄断竞争阶段占有优势地位,导致一些粒度较大的任务需求难以得到满足,可能有损于系统整体收益,针对这种情况,重新洗牌阶段旨在平衡任务执行完整性与系统整体收益之间的关系,是全局精细寻优的过程。

2) 基于聚类的改进投标策略[68]

合同网计算框架下,各卫星 Agent 依据某种准则选取一定数目的标书进行投标,如最大优先级策略、最小剩余规划时间策略、最大任务满足度策略等,其核心就是根据某个评价函数计算出标书的收益值并选取收益值较高的标书[152]。这种策略的优点是简单直观、效率较高,但缺点是选择的标书"差异性"可能不大,容易陷入局部最优。对某个卫星 Agent 而言,评价值排名靠前的标书之间可能仅在少数规划元任务上存在差异。而对于不同的卫星 Agent,其均是以最大化自身利益为目标,其排名靠前的标书可能均优先执行高优先级任务的观测活动,而那些低优先级任务因为很多资源已经被高优先级任务占用导致很难被规划上,这就使得标书多样性损失,可能致使规划过程陷入局部优化解。而聚类算法可以根据标书之间的相似性将它们划分成若干个群体,每个群体之间都有一定的差异性。因此,可对 Agent 内所有可能的观测活动方案进行聚类处理,从各个类中选出代表作为标书进行投标。

3)基于智能优化的改进评标策略[153]

合同网计算框架下,管理者 Agent 通常采用诸如回溯法、分支定界法等精确搜索算法进行评标,在 Agent 数量不多且投标标书个数较少时计算压力不大,计算时间能满足要求。但随着各卫星 Agent 数量和标书数量增加、管理者 Agent 评标计算量呈指数级增长,难以满足在线规划快速动态响应要求。遗传算法、粒子群等智能优化算法是模拟自然界生物进化过程的一种自适应启发式群体型概率性的全局优化算法,具有优化性好、求解效率高等特点,因此可以将智能优化算法引入到合同网协议的评标过程中,以搜索各卫星 Agent 投标标书的优化组合。以遗传算法为例,管理者 Agent 对各卫星 Agent 的投标标书通过整数编码来构造染色体,再按照选择、交叉、变异进化过程,从各卫星 Agent 投标的标书中选择一个或不选择标书。

5.3.2 基于黑板模型和演化计算的卫星分布式任务规划方法

1. 黑板模型

黑板的概念最早于 1962 年由 Newell 提出。20 世纪 70 年代初期,Carnagie-Mellon 大学提出黑板的问题求解模型,并研制了首个基于黑板模型的专家系统——HEARSAY-II 语音理解系统。黑板模型的基本思想:多个人类专家或主体专家协同求解一个问题,黑板是一个共享的问题求解工作空间,多个专家都能"看到"黑板。当问题和初始数据记录到黑板上时,求解开始;所有专家通过黑板共享信息,寻求利用其专家经验知识求解问题。当一个专家发现黑板上的信息足以支持他进一步求解问题时,他就将求解结果记录在黑板上,新增加的信息有可能使其他专家继续求解,重复这一过程直到问题彻底解决,获得最终结果。

黑板模型(图 5-8)的三个基本组成部分:

(1)知识源(Knowledge Sources,KS):应用领域根据求解问题专门知识的不同划分成若干相互独立的专家,这些专家称为知识源(即主体)。

(2)黑板:即共享的问题求解工作空间。一般是以层次结构的方式组织,主要存放知识源所需要的信息和求解过程中的解状态数据,有时也存放控制数据。在问题求解过程中,知识源不断地修改黑板。知识源之间的通信和交互通过黑板进行。

（3）监控机制：根据黑板上的问题求解状态和各知识源的求解技能,依据某种控制策略,动态地选择和激活合适的知识源,使知识源能适时响应黑板变化。

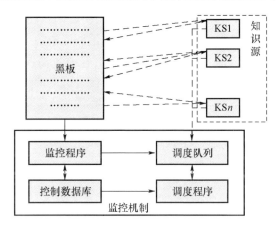

图 5-8 黑板模型的工作过程

黑板模型实现分布式协作问题求解的主要特点[154-155]：
(1)各主体(即知识源)之间相互独立,主体之间不存在相互作用；
(2)黑板结构能够灵活表示信息；
(3)使用共同的交互语言；
(4)独立的监控机制；
(5)黑板结构适合于在多重抽象级上描述与处理问题；
(6)机遇问题求解机制,特别适合于事先无法确定问题求解次序的复杂问题；
(7)黑板模型提供了集成现有软件的一种方法。

2. 基于黑板模型和演化计算的 Agent 协作过程

本节中,我们将黑板模型与智能优化算法相结合,以对分布式卫星任务规划问题进行求解。基于 Multi-Agent 系统架构特点,每一个参与规划的对地观测卫星看成是一个 Agent,其中黑板功能由管理者 Agent 实现。各卫星 Agent 仅对自身承担的任务进行规划,它们之间不直接通信而是直接与黑板进行交互,其通信过程：各卫星 Agent 在每次进化计算过程中,经通信模块"引进"黑板上的其他卫星 Agent 的最优解,并以此指导自身进化计算中种群个体的评价、选择和修复等过程。

具体地,以遗传算法为例,设计基于黑板模型和遗传算法的分布式卫星任务规划算法(Distributed Satellite Task Planning algorithm based on Blackboard Model and Genetic Algorithm, DSTP-BMGA)。各卫星 Agent 根据收到的管理者 Agent 发送的规划元任务信息初始化自己的子种群,子种群中每一个个体代表了当前卫星 Agent 的单星对地观测方案。每次进化计算过程中,各卫星 Agent 对自己的子种群进行交叉、变异、约束调整等操作,与管理者 Agent 交互取得其余卫星 Agent 发送到中心的个体代表,以此计算子种群中各个体的适应值并将最优个体发送给管理者 Agent。迭代进行上述步骤,管理者 Agent 从各卫星 Agent 中搜索更加优化的观测方案,直至找到问题的一个满意解。算法步骤如下:

算法名称:DSTP-BMGA

输入:参与规划的规划元任务集合 TASK

输出:各卫星执行的规划元任务集合 $TASK_{do}$

```
begin
1   管理者 Agent 得到卫星将执行的规划元任务集合 TASK
2   for each k ∈ SAT
3       管理者 Agent 将 TASK 发送给卫星 Agent k
4       卫星 Agent k 随机初始化子种群
5       卫星 Agent k 选择子种群中的最优个体送至黑板
6   end for
7   for each k ∈ SAT
8       卫星 Agent k 对子种群进行交叉、变异操作,生成下一代种群
9       从黑板接收其他卫星 Agent 的个体(解),计算各下一代种群各
        个体的适应值
10      精英解保持
11      将最优个体(解)送至黑板
12  end for
13  中心管理者 Agent 判断算法是否达到收敛条件,是则终止算法,否
    则 goto 7
14  各卫星 Agent 解码,将承担的任务送至管理者 Agent 合并生成最
    终的 $TASK_{do}$
end
```

其中,算法的收敛条件可设计如下:

(1)各卫星 Agent 的局部最优解相同且经过了一定代数的迭代,具体代数由经验得到;

(2)算法迭代超过了规划的最大迭代次数;

(3)算法运行时间超过了规划的最大运行时间。

DSTP-BMGA 流程如图 5-9 所示。

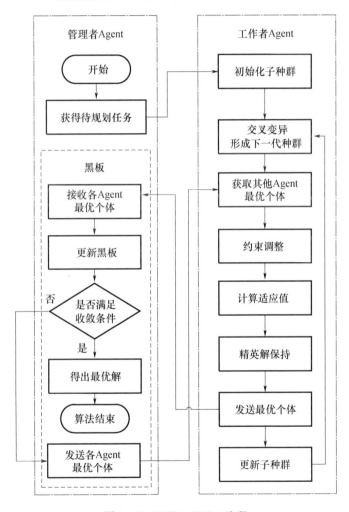

图 5-9　DSTP-BMGA 流程

第6章 对地观测卫星星上自主任务规划模型与方法

在第3章~第5章介绍的卫星任务规划模型与方法中,规划计算均在地面完成,即卫星地面运控中心生成卫星可执行的对地观测方案,再通过地面测控站以指令的形式上注到卫星,而卫星只是作为被动的执行器,按照接收的指令要求执行各项动作。

随着人工智能技术以及航天科学技术的发展,逐步出现了具有一定星上自主规划与处理能力的对地观测卫星(后简称自主运行卫星)。自主运行卫星能够在无人干涉的情况下完成各种常规操作,同时进行系统监测、故障监测,在故障情况下或未知环境中具备自适应、自调节、自容错及自恢复等功能。自主运行卫星不再是被动的执行者,而是主动地根据环境及卫星状态自主生成(或调整)卫星对地观测方案并执行。显然,其适应空间环境变化的能力以及应对突发事件的快速响应能力较传统卫星更强。自主运行卫星将成为未来对地观测卫星部署的重要形式之一[72]。

虽然自主运行卫星具有诸多的优势,但其星上处理器的计算能力却是其最大软肋。由于卫星平台运行过程中的苛刻要求,必须考虑能量、温度、重量等诸多因素,目前星上处理器多以嵌入式处理器为主,较地面设备而言,主频低、可用内存小,计算能力相对较弱,此外还必须负责运行环境感知、卫星状态自主监测、卫星姿态调整与控制、星上容错与自恢复等任务的处理,使得本来就稀缺的星上计算资源更加捉襟见肘。受星上处理器计算能力的限制,适用于地面设备的任务规划算法在星上无法应用。因此,需要研究新的规划方法和机制,以适应卫星星上自主任务规划特点。本章将介绍主流的卫星星上自主规划模型及方法。

6.1 卫星星上自主任务规划过程与分析

对地观测卫星星上自主任务规划是指:对地观测卫星根据接收到的对地观

测需求,以及自身的系统构成、功能和约束条件,在不需要或较少依靠地面人员干预的情况下,在星上自动制定任务规划方案的过程。相比于传统地面任务规划方式,能够进行星上自主任务规划的卫星更加智能化,不再只作为简单的指令执行终端,而是作为对地观测任务的决策者。星上自主任务规划技术具有以下优势:

(1)能够有效提高卫星对应急突发事件的快速响应能力。自主运行卫星能够通过星载传感器及时感知地面异常事件或直接接收地面传感网络及用户提交的观测需求[156],及时调整星上观测方案,实现对火山喷发、地震海啸、敏感地区军事冲突等不确定性应急突发事件的快速响应观测。

(2)能够有效提高卫星的资源利用率。光学成像卫星通过搭载的光学传感器对地面目标进行成像,极易受云层气象环境的影响。例如,SPOT系列光学成像卫星约有80%的地面目标因为云层遮挡而观测失败,而我国约60%的光学遥感图像由于云层过多而不能使用[157]。自主运行卫星能够根据地面推送或星上分析得到[77]的云层信息对星上观测方案进行调整,将有限的资源用于对高价值目标的观测,不仅保证了遥感图像质量,同时也提高了卫星的资源利用率。

(3)能够有效提高卫星任务执行的精细度和灵活度。地面任务规划系统由于无法实时获取星上能量、存储、姿态等资源及设备状态,普遍采用更为严苛的约束条件以保证对地观测卫星的运行安全(例如,并不实时判定星上能量状态能否支撑卫星继续执行对地观测动作,只简单地规定传感器单圈累计工作时长),极大地限制了卫星的工作能力。自主运行卫星不仅能够根据实时获取的星上电源、存储、姿态、温度等状态信息进行更加精细的规划,还能够根据资源及任务的变化对观测方案进行适当调整,提高卫星任务执行的灵活度。

(4)能够有效减少地面操作人员的工作压力。地面运控中心集中管控下,操作人员需要熟练掌握对地观测卫星的各项性能参数及载荷使用规则,完成卫星对地观测方案及测控指令的编辑及校对工作,工作内容烦琐且工作量大。随着编队卫星、集群卫星、组网卫星等多种运行模式的出现,地面系统对卫星的维护管理成本越来越高。卫星星上自主任务规划,相当于将地面任务规划系统承担的部分工作转移到了卫星平台上,减少了工作人员的参与,可以有效降低工作负担及人力成本开支。

下面将对卫星星上自主任务规划过程进行描述,并对其难点及特点进行分析。

6.1.1 卫星自主任务规划过程

如图6-1所示,自主运行卫星沿着轨道飞行,自主计算各观测需求在自主规划时段(Autonomous Planning Horizon,APH)内的访问时间窗,生成相应的规划元任务。我们把自主规划时段内访问起始时间最小的规划元任务称为临界任务,临界任务的开始观测时间至当前星上系统时间的时间间隔,称为临界规划时长。卫星星上自主任务过程需要在临界规划时长内计算出自主规划时段内的各个规划元任务的执行方案。随着时间的推移,不断有新的规划元任务进入自主规划时段,卫星将根据星上能源存储资源及规划元任务分布信息决定是否执行自主规划时段内的各个规划元任务,而首先需要决定的是临界任务是否应该被执行。如果星上系统时间到达临界任务访问起始时间时,任务规划算法还未计算出是否应当执行临界任务,则称当前任务规划失效,意味着卫星错失了观测机会。星上自主任务规划的目的是在满足卫星载荷约束的前提下,最大化满足用户需求。

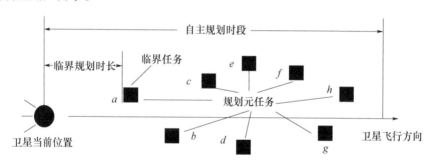

图6-1 自主运行卫星星上自主任务规划问题描述

相比于地面任务规划,星上自主任务规划过程能够实时获取能源、存储等资源及姿态、温度等设备状态,因而可以采用更加精细化的数学模型。通常,卫星任务规划问题包括对地观测任务规划和数传任务规划两个子问题,所涉及的资源众多、应用需求多样、约束条件复杂。本章只针对对地观测任务规划问题的求解方法进行介绍,认为自主运行卫星要使用的数传资源已提前由地面或星上确定好。

6.1.2 卫星自主任务规划特点与难点分析

1. 对地观测需求不确定性

对地观测需求不确定性是指卫星自主对地观测过程中,对地观测需求会动

第6章 对地观测卫星星上自主任务规划模型与方法

态发生变化,具体描述可参考4.1.1节。

2. 任务规划过程计算资源受限

对地观测卫星一般运行在近地轨道上,极易受到来自外太空的宇宙辐射,以及受光面和背光面的温度差影响,这些因素都对星载计算机提出了严苛的要求[158]。为保证星载计算机的可靠性及稳定性,对地观测卫星必须采用计算能力较低的宇航级 CPU。如 NASA 在"深空一号"卫星上使用的 RAD 6000 处理器,其主频只有 25MHz,计算能力不超过 100MIPS(Million Instructions Per Second)[74]。而最新国产龙芯 1E300 处理器及国外 RAD750 处理器的主频约 200MHz,计算能力约 240~400MIPS[158-159]。由此可见,卫星星上自主任务规划过程中计算资源相当有限。

3. 任务规划时效性强

传统任务规划模式下,在对地观测方案上注卫星之前,任务规划算法均可以对卫星对地观测方案进行优化调整。与地面"先规划后执行"的离线规划模式不同,星上"边规划边执行"的在线规划模式对任务规划算法的计算时效性要求更高,必须保证在对地观测任务开始执行前给出有效可行的对地观测方案,不然会导致卫星错失观测机会,降低卫星资源的利用率。

4. 后续任务连续执行不确定性

自主运行卫星飞行过程中,后续对地观测任务是否能够执行,受能量、存储等资源状态,卫星姿态等设备状态,任务数量及分布等诸多因素的影响。图 6-2(a) 中,规划方案 $P1$ 由于连续执行了多个规划元任务,卫星能量耗尽,因而无法继续执行规划元任务 c;但在图 6-2(b) 中,规划方案 $P2$ 却可以执行规划元任务 b 和 c,所以任务规划过程表现出后续任务连续执行的不确定性。

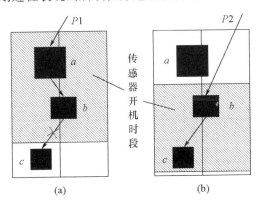

图 6-2 自主运行卫星星上自主规划过程中的任务连续执行不确定性示意图

6.2 基于路径搜索的卫星对地观测任务星上自主规划方法

6.2.1 滚动优化策略

滚动优化策略(图1-3)是星上自主任务规划方法中常用的求解策略。根据1.1.4节描述,滚动优化策略下,星上规划器动态地对自主规划时段内的规划元任务进行规划。设定自主规划时段的时间范围表示为$[t_{sys}+Tp, t_{sys}+Th]$($Tp \ll Th$),其中t_{sys}是对地观测卫星星上系统时间,Tp是卫星任务执行的准备时间,Th是自主规划时段的时长。随着自主运行卫星向前飞行,自主规划时段随时间不断发生变化,不断有新的规划元任务进入自主规划时段内,也有规划元任务因执行、过期或取消从自主规划时段内移出。具体表现为:

(1)规划元任务在系统时刻t_{sys}进入自主规划时段。具体地,又可细分为两种情形:一是已知的、自主规划时段外的规划元任务进入;二是新的规划元任务到达。

(2)规划元任务在t_{sys}时刻退出自主规划时段。同样可以细分为两种情形:一是规划元任务取消,那么只需从对地观测方案中删除该任务;二是规划元任务的访问起始时间为当前系统时间,如果规划元任务包含在对地观测方案中,那么该任务就会被执行,否则它将被丢弃。

自主规划时段内设置有触发器,规划元任务的动态变化将触发星上规划器对对地观测方案进行调整,并更新观测方案。综上所述,滚动规划策略下的星上自主任务规划过程如图6-3所示。

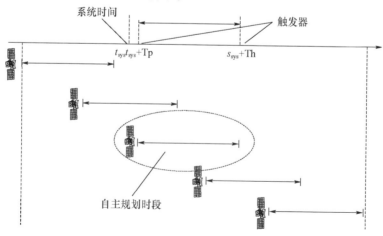

图6-3 规划元任务滚动规划示意图

本节中,我们将滚动优化策略与图模型相结合,利用路径搜索算法对自主规划时段内的规划元任务进行规划求解。

6.2.2 有向无环图模型

给定自主规划时段内的所有规划元任务,将其按照访问起始时间从小到大的顺序排列,用有向无环图模型 $G=(V,E)$(图6-4)对卫星对地观测任务规划问题进行建模,其中 V 是图 G 中顶点的集合,E 是图 G 中有向边的集合。对于任意顶点 $v_i \in V$,都与规划元任务 $task_i$ 对应,可以描述为($t_b^i, t_e^i, \mathrm{mod}_i, \psi_i, \mathrm{eng}_i, \mathrm{mem}_i$),其中 $t_b^i, t_e^i, \mathrm{mod}_i, \psi_i$ 分别为 $task_i$ 的访问起始时间、访问结束时间、工作模式、优先级,而 $\mathrm{eng}_i, \mathrm{mem}_i$ 则表示执行任务 $task_i$ 需要消耗的能量和存储资源。对于任意的有向边 $(i,j) \in E$,它表示顶点 v_i 和顶点 v_j 之间存在连通关系,即规划元任务 $task_i$ 和 $task_j$ 满足模式切换约束条件:$t_b^j - t_e^i \geq \mathrm{trans}_{\mathrm{mod}_i,\mathrm{mod}_j}$,而有向边 (i,j) 的权值 $\Delta \mathrm{eng}_{ij}$ 表示卫星在规划元任务 $task_i$ 访问结束时间至规划元任务 $task_j$ 访问起始时间的这段时间内可以补充的最大能量。为了便于问题求解,我们在有向无环图模型中添加了两个虚拟顶点:起始顶点 v_s 和结束顶点 v_t。那么,对地观测任务规划问题就被映射成路径搜索问题,求解目标:在不违反能源约束、存储约束的前提下,找到一条从起始顶点 v_s 到结束顶点 v_t 的路径,使评价值最大化。

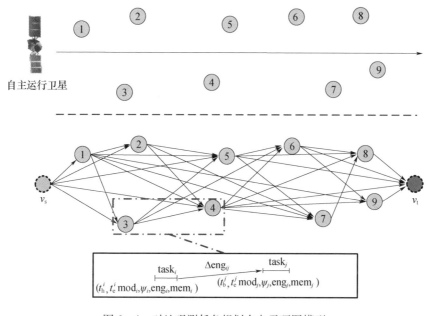

图6-4 对地观测任务规划有向无环图模型

有向无环图模型中的相关符号及决策变量定义如下。

(1) $x_{ij} \in \{0,1\}$：决策变量，$x_{ij}=1$ 表示有向边 (i,j) 被选择，否则没有，$0 \leqslant i < j \leqslant n-1$（$n$ 表示图 G 中顶点的数量，包含了起始顶点和结束顶点）。

(2) $y_{ij} \geqslant 0$：决策变量，表示自主运行卫星在任务 $task_i$ 的访问结束时间至任务 $task_j$ 的访问起始时间这段范围内，因太阳帆板充电超过电池容量上界而溢出的能源，主要用于修正能源状态，$0 \leqslant i < j \leqslant n-1$。

(3) $z_{ij} \geqslant 0$：决策变量，表示自主运行卫星在任务 $task_j$ 的访问起始时间至访问结束时间这段范围内，因存储器中数据下传造成存储状态低于存储器容量下界限制而溢出的数据，用于修正存储状态，$0 \leqslant i < j \leqslant n-1$。

(4) eng_0：初始时刻星上的能源状态。

(5) mem_0：初始时刻星上的存储状态。

(6) $Engy$：星载能源的容量上界。

(7) $Memy$：数据存储器的容量上界。

根据上述问题描述，以及给定的数学符号和决策变量，我们可以建立以下混合整数规划模型。

优化目标：

$$V_{\text{imp}} = \max\left\{\sum_{i=0}^{n-1}\sum_{j=0}^{n-1} \psi_j \cdot x_{ij}\right\} \quad (6-1)$$

约束条件：

$$\sum_{j=1}^{n-1} x_{0j} = 1 \quad (6-2)$$

$$\sum_{i=0}^{n-2} x_{i(n-1)} = 1 \quad (6-3)$$

$$\sum_{i=0}^{j-1} x_{ij} \leqslant 1, 1 \leqslant j \leqslant n-1 \quad (6-4)$$

$$\sum_{i=0}^{j-1} x_{ij} = \sum_{k=j+1}^{n-1} x_{jk}, 1 \leqslant j \leqslant n-2 \quad (6-5)$$

$$eng_0 + \sum_{j=1}^{k-1}\sum_{i=0}^{j-1}((\Delta eng_{ij} - eng_i) \cdot x_{ij} - y_{ij}) + \sum_{i=0}^{k-1}(\Delta eng_{ik} \cdot x_{ik} - y_{ik}) \leqslant Engy, 1 \leqslant k \leqslant n-1 \quad (6-6)$$

$$eng_0 + \sum_{j=1}^{k-1}\sum_{i=0}^{j-1}((\Delta eng_{ij} - eng_i) \cdot x_{ij} - y_{ij}) + \sum_{i=0}^{k-1}((\Delta eng_{ik} - eng_k) \cdot x_{ik} - y_{ik}) \geqslant 0, 1 \leqslant k \leqslant n-1 \quad (6-7)$$

$$\text{mem}_0 + \sum_{j=1}^{k-1}\sum_{i=0}^{j-1}(\text{mem}_j \cdot x_{ij} + z_{ij}) + \sum_{i=0}^{k-1}\text{mem}_k \cdot x_{ik} \leq \text{Memy}, 1 \leq k \leq n-1 \tag{6-8}$$

$$\text{mem}_0 + \sum_{j=1}^{k-1}\sum_{i=0}^{j-1}(\text{mem}_j \cdot x_{ij} + z_{ij}) + \sum_{i=0}^{k-1}(\text{mem}_k \cdot x_{ik} + z_{ik}) \geq 0, 1 \leq k \leq n-1 \tag{6-9}$$

$$y_{ik} = x_{ik} \cdot \max\{0, \text{eng}_0 + \sum_{j=1}^{k-1}\sum_{i=0}^{j-1}((\Delta\text{eng}_{ij} - \text{eng}_i) \cdot x_{ij} - y_{ij}) + \sum_{i=0}^{k-1}\Delta\text{eng}_{ik} \cdot x_{ik} - \text{Engy}\} \tag{6-10}$$

$$z_{ik} = x_{ik} \cdot \max\{0, -(\text{mem}_0 + \sum_{j=1}^{k-1}\sum_{i=0}^{j-1}(\text{mem}_j \cdot x_{ij} + z_{ij}) + \sum_{i=0}^{k-1}\text{mem}_k \cdot x_{ik})\} \tag{6-11}$$

上述数学模型中,式(6-1)是优化目标函数,目的是通过合理安排规划元任务,使自主运行卫星执行的规划元任务累计优先级最大化;约束(6-2)要求起始顶点v_s的出度为1,即起始顶点v_s有且仅能指向一个任务顶点,这意味着任务结束后只能执行一个任务;约束(6-3)要求结束顶点v_t的入度为1,即有且仅有一个任务顶点指向结束顶点v_t;约束(6-4)、约束(6-5)要求任意中间顶点的入度必须与出度一致,且必须小于等于1,即当前任务有且仅有一个前驱任务和一个后继任务;式(6-2)、式(6-3)、式(6-4)、式(6-5)共同保证了解的唯一性;约束(6-6)规定了卫星任务开始执行时的能源状态不能超过电池容量的上限,公式前两项求和$(E_0 + \sum_{j=1}^{k-1}\sum_{i=0}^{j-1}((\Delta\text{eng}_{ij} - \text{eng}_i) \cdot x_{ij} - y_{ij}))$表示卫星任务$\text{task}_k$前一个任务执行后的能源状态,第三项$(\sum_{i=0}^{k-1}(\Delta\text{eng}_{ik} \cdot x_{ik} - y_{ik}))$表示前一个任务执行结束到当前任务开始执行这段时间的能源变化量;约束(6-7)规定了任务执行结束时的能源状态不能低于能源状态的下界,公式第三部分$(\sum_{i=1}^{k-1}((\Delta\text{eng}_{ik} - \text{eng}_k) \cdot x_{ik} - y_{ik}))$表示前一个任务执行结束至当前任务执行结束时的能量变化量;类似地,约束(6-8)、约束(6-9)规定任意任务执行结束后的存储状态不能超过存储上界、低于存储下界。卫星空闲时可以对能量进行补充,但使用可以补充的最大能量对能源状态进行更新会造成能量状态超出星载电源容量,因此需要对其进行修正,约束(6-10)给出了能源补充时的修正量。同理,使用数传活动可以下传的最大数据量对存储状态进行更新会造成存储状态为负值,因此需要对其进行修正,约束(6-11)给出了数据下传时存储状态的修正量。

6.2.3　基于图路径标记更新的精确搜索算法

根据 6.2.2 节建立的有向无环图模型,本节将采用标记更新算法(Label Updating)[160]对图 G 的路径搜索问题进行求解。首先给出要使用的定义、定理。

定义 6-1　路径支配关系

设 $P1, P2 \in \text{PATH}_{s,i}$,如果满足 $\psi(P1) < \psi(P2), E(P1) \geqslant E(P2), M(P1) \geqslant M(P2)$,则称路径 $P2$ 支配 $P1$,记为 $P1 \lhd P2$。其中,$\text{PATH}_{s,i}$ 是顶点 v_s 到顶点 v_i 所有路径的集合,$\psi(P)$、$E(P)$ 和 $M(P)$ 分别表示路径 P 所代表的规划方案的评价值(任务优先级累积和)、耗费的能量、消耗的存储。

定义 6-2　非支配路径与受支配路径

设 $P \in \text{PATH}_{s,i}$,如果 $\nexists Q \in \text{PATH}_{s,i}$,使得 $P \lhd Q$,则称路径 P 为非支配路径,否则称 P 为受支配路径。

定义 6-3　优化路径

设 $P \in \text{PATH}_{s,i}$,如果 P 为非支配路径,则称 P 为优化路径。

引理 6-1:在无环路有向图模型中,非支配路径的子路径是非支配路径。

证明:反证法。设路径 P 是一条由 $v_s \to v_i \to v_j$ 的非支配路径,则路径 $P1 \in \text{PATH}_{s,i}$ 是 P 的子路径,且 $\exists P2 \in \text{PATH}_{s,i}$,使得 $P1 \lhd P2$。设 $P3 \in \text{PATH}_{i,j}$ 是 $P \setminus P1$ 的子路径,由于 $P1 \lhd P2$,则 $E(P1) \geqslant E(P2), M(P1) \geqslant M(P2)$,将路径 $P2$ 与路径 $P3$ 组合,形成新的路径 Q。必然满足 $\psi(P) = \psi(P1) + \psi(P3) < \psi(P2) + \psi(P3) = \psi(Q), E(P) = E(P1) + E(P3) \geqslant E(P2) + E(P3) = E(Q), M(P) = M(P1) + M(P3) \geqslant M(P2) + M(P3) = M(Q)$,则有 $P \lhd Q$,与路径 P 是非支配路径矛盾。原命题得证。

定理 6-1:在无环路有向图模型中,优化路径的子路径是非支配路径。

证明:由定义 6-3 可知,优化路径即是从顶点 v_s 到顶点 v_i 的非支配路径。再由引理 6-1 可知,非支配路径的子路径是非支配路径,所以优化路径的子路径是非支配路径。原命题得证。

标记更新算法就是通过搜索图 G 中从顶点 v_s 出发的所有非支配路径来获得优化路径集合。算法在搜索过程中,不断删除从 v_s 到各顶点的受支配路径,从而减少路径的搜索次数。其核心思想:为图中每个顶点维护一个标记集合,记录顶点 v_s 到每个顶点的所有非支配路径。按照顶点拓扑序依次考察各个顶点,更新该顶点所有后继顶点的标记值。当更新过程到达顶点v_t时,顶点v_t的标记集合代表了所有从顶点v_s出发的优化路径。图 G 的无环路有向特性,保证了只需更新当前考察顶点的后继顶点的标记集合,而不必考虑其前趋顶点。于是图 G 中所有顶点只需被访问一次,提高了优化路径搜索效率。基于标记更新的精确路径搜索算法(Label Updating – based Exact Path Searching Algorithm,LUEPS)具体描述如下:

算法名称:LUEPS

输入:有向无环图 G = (V,E)

输出:从顶点v_s到顶点v_t的优化路径集合 Label(t)

```
begin
1    Label(s) = {0,0,0,s,Null}
2    Label(t) = {0,0,0,s,Null}
3    Label(i) = {ψ(i),E(i),M(i),s,Null}, ∀ v_i ∈ V(G)\v_s,v_t}
4    for i =1,2,…;t
5        for each Q ∈ Label(i)
6            for each j ∈ succ(Q)
7                for each P' = append(Q,j)
8                    if P◁P' then
9                        Label(j) = Label(j)\{l_P}
10                       Label(j) = Label(j)∪{V(P'),E(P'),
                         M(P'),i,point_{P'}}
11                   else if P'◁P then
12                       continue
13                   else
14                       Label(j) = Label(j)∪{V(P'),E(P'),M
                         (P'),i,point_{P'}}
15                   end if
16               end for
17           end for
18       end for
19   end for
end
```

LUEPS 中，Label(i) 表示顶点 v_i 的标记集合，Label(i) 中每一个标记描述了一条由顶点 v_s 到顶点 v_i 的路径的相关信息。$\forall l_P \in \text{Label}(i)$，标记 l_P 可表示为如下四元组形式：$l_P \equiv \{\psi(P), E(P), M(P), \text{pre}^i(P), \text{point}_P\}$。$\psi(P)$、$E(P)$ 和 $M(P)$ 的意义已在定义 6-1 中进行了说明。$\text{pre}^i(P)$ 表示路径 P 中顶点 v_i 的前趋节点，顶点 v_s 没有前趋节点。point_P 是指向路径 P 的指针，记录了路径 P 中从顶点 v_s 到 $\text{pre}^i(P)$ 的所有顶点。语句 3 中，$\psi(i)$、$E(P)$ 和 $M(P)$ 表示由顶点 v_s 与顶点 v_i 组成的路径的星上自主规划方案的评价值、耗费能量和消耗存储资源。$\text{succ}(P)$ 表示路径 P 的最后一个顶点的所有后继节点集合。根据对地观测任务无环路有向图 G 的动态拓扑特性可知（图 6-2），对于不同的路径，即使它们最后一个顶点相同，其后继顶点集合也可能不同。所以 $\text{succ}(P)$ 需要根据路径 P 进行实时计算。如果路径 P 的最后一个顶点是顶点 v_t，则 $\text{succ}(P) = \varnothing$。函数 $\text{append}(P, i)$ 的作用是将顶点 v_i 加入到路径 P 的末尾，形成一条新的路径。

下面将证明，LUEPS 能找到卫星当前位置到卫星自主规划距离内的所有优化路径。首先给出相关引理。

引理 6-2：根据 LUEPS，对于任意顶点 $v_i \in V(G) \setminus \{v_s\}$，设 $P \in \text{PATH}_{s,i}$ 是一条非支配路径，则一旦路径 P 出现在标记集合 Label(i) 中，它将一直保留在 Label(i) 中。

证明：由 LUEPS 语句 10~11 可知，如果经过顶点 v_i 的一个标记 l_P 被删除（l_P 是路径 P 的标记），则一定存在另一条路径 P'，使得 $P \triangleleft P'$。所以如果代表一条非支配路径的标记一旦进入标记集合 Label(i)，其将一直保留在 Label(i) 中。原命题得证。

引理 6-3：根据 LUEPS，对于任意顶点 $v_i \in V(G) \setminus \{v_s\}$，Label($i$) 包含了由顶点 v_s 到顶点 v_i 的所有非支配路径信息。

证明：采用数学归纳法进行证明。根据无环路有向图中顶点拓扑排序，不妨设顶点序号为 $s, 1, 2, \cdots, t$。

Step1：当 $i = 1$ 时（其中，$v_i \in V(G) \setminus \{v_s\}$），顶点 v_1 仅有一个前趋节点 v_s，于是只可能有来自顶点 v_s 的唯一路径。LUEPS 中语句 3 初始化时保证了 Label(1) 包含所有顶点 v_s 到顶点 v_1 的非支配路径。

Step2：假设当 $i \leq m$（其中，m 是路径中最后一个顶点的序号）时，原命题成立。则当 $i = m+1$ 时，假设存在一条非支配路径 $P \in \text{PATH}_{s, m+1}$（其标记为 l_P），且 $l_P \notin \text{Label}(m+1)$。不妨设路径 P 中节点 v_{m+1} 的前趋节点是 v_j，且 $1 \leq j < m$（由于语句 3 保证了 Label($m+1$) 包含前趋顶点是 v_s 的路径标记，所以这里只考虑

$1 \leq j < m+1$ 的情况)。设 $P = \mathrm{append}(Q, v_j)$,则 $Q \in \mathrm{PATH}_{s,j}$ 是 P 除去节点 v_{m+1} 的子路径。由引理 6-1 可知,Q 也是一条非支配路径。由假设可知,Label(j) 包含了代表路径 Q 的标记 l_Q。则根据 LUEPS 语句 7~16,路径 P 会被生成,并添加到 Label($m+1$) 中。再由引理 6-2 可知,其将一直保留在 Label($m+1$) 中。与假设 $l_P \notin$ Label($m+1$) 矛盾。所以当 $i = m+1$ 时,原命题成立。综上所述,原命题成立。

引理 6-4:根据 LUEPS 算法,对于任意顶点 $v_i \in V(G) \backslash \{v_s\}$,Label($i$) 只包含由顶点 v_s 到顶点 v_i 的非支配路径信息。

证明:设顶点 v_i 的标记集合 Label(i) 包含了代表路径 P 的标记 l_P,$P \in \mathrm{PATH}_{s,i}$ 且 P 是一条受支配路径。不妨设 $\exists Q \in \mathrm{PATH}_{s,i}$ 且 $P \triangleleft Q$。则由引理 6-3 可知,代表路径 Q 的标记 l_Q 也一定包含于 Label(i)。则根据 LUEPS 语句 7~12 可知,l_P 已从 Label(i) 中删除(语句 8~9)或是根本不会被添加到 Label(i) 中(语句 11~12),与假设 $l_P \in$ Label(i) 矛盾。原命题得证。

定理 6-2:LUEPS 的运行结果包含所有优化路径,且只包含这些路径。

证明:LUEPS 的运行结果是 Label(t) 包含的路径集合。由引理 6-3 和引理 6-4 可知,当顶点 $i = t$ 时,Label(t) 包含且只包含了 v_s 到 v_t 的所有非支配路,则 Label(t) 包含且只包含所有优化路径。原命题得证。

卫星自主任务规划的最终目的是找到由规划起始时间到规划结束时间的星上自主规划评价值较大的优化路径,保留路径耗费能量、存储资源的目的是当卫星当前位置移动造成新的规划元任务进入到有向无环图模型中,可以继续使用 LUEPS 进行规划。一条优化路径即是对地观测卫星自主规划问题在时刻 T 的一个可行解。定理 6-2 保证了 LUEPS 能够得到卫星自主规划距离范围内所有优化解。正常情况下,卫星应选择星上自主规划评价值最大的优化解。但在某些特殊情况下(如卫星能量即将耗尽),则星上自主规划评价值最大(且耗费能量较多)的路径不一定是当前情况下最理想的解。较为科学的方法:卫星将自主使用基于规则的专家系统从优化解集中选择一个优化解,并执行之。

为适应对地观测卫星星上自主规划特点,可以采用卫星自主规划距离可变的星上规划策略。我们认为卫星在飞越临界任务的时间内所能计算得到的已生成标记集合且离卫星当前位置距离最远的节点位置即是卫星自主规划距离范围。显然,当规划元任务分布较为密集时,卫星自主规划距离可能较短,而规划元任务分布较为稀疏时,卫星自主规划距离较长,但始终不大于卫星前向最大可视距离。

接下来,将分析 LUEPS 的时间复杂度。LUEPS 的时间复杂度受问题模型拓扑关系的影响。由算法循环过程容易看出,对于问题规模为 n 的问题,算法时间复杂度为 $O(n^2L^2)$,其中 $L = \max(|\text{Label}(i)|), v_i \in V(G) \setminus \{v_s\}$。最坏的情况是每个顶点之间都有有向边相连,且各条路径之间均无支配关系,则标记数量最多的顶点是顶点 v_t。由排列组合知识容易证明 $\max(|\text{Label}(t)|) = 1 + C_n^1 + C_n^2 + \cdots + C_n^n = 2^n$。则最坏情况下,LUEPS 的时间复杂度是 $O(2^n)$。已有研究表明,通常情况下的卫星任务规划问题是 NP 完全问题[1]。通过对 LUEPS 时间复杂度的分析,从侧面印证了这个结论。虽然已有相关工作指出:实际中,在一定的拓扑结构下,从顶点 v_s 到某中间顶点的非支配路径数目相对不大[161]。但星上计算资源相对较弱,指数时间复杂度的算法可能造成前向规划距离较短,甚至规划失效情况的发生。

6.2.4　标记更新近似搜索算法

由于 LUEPS 在路径搜索过程需要保存从起始顶点至每个顶点的所有非支配路径,其搜索时间会随着顶点数目的增加而爆炸增长,往往只适合于求解小规模情况下的卫星任务规划问题。鉴于此,我们提出了基于标记更新的近似路径搜索算法(Label Updating – based Approximate Path Searching Algorithm, LUAPS),引入路径近似支配关系的概念,通过对路径支配关系的松弛来减少各个顶点的标记值,删除大量相似的路径,达到了缩小搜索空间、节省搜索时间的目的。下面首先给出相关定义。

定义 6 – 4　路径近似支配关系

设 $P1, P2 \in \text{PATH}_{s,i}$,如果满足下列两个条件之一,则称路径 $P2$ 支配 $P1$,记为 $P1 \triangleleft P2$。

(1) $\psi(P1) < \psi(P2), E(P1)(1+\varepsilon_1) \geq E(P2), M(P1) \geq M(P2)$;

(2) $\psi(P1) < \psi(P2), E(P1) \geq E(P2), M(P1)(1+\varepsilon_2) \geq M(P2)$;

其中,$\varepsilon_k = \delta_k / 2n, \delta(0 < \delta < 1)$ 是近似系数,n 是问题规模(自主规划时段内的任务数量),$k = \{1,2\}$。由定义 6 – 1 和定义 6 – 4 可知,若 $P1 \triangleleft P2$,则 $P1 < P2$。$\text{PATH}_{s,i}$ 是顶点 v_s 到顶点 v_i 所有路径的集合,$\psi(P)$、$E(P)$ 和 $M(P)$ 分别表示路径 P 所代表的规划方案的星上自主规划评价值、耗费的能量、消耗的存储。

LUAPS 基于 LUEPS 构造而成。其与 LUEPS 的区别在于:LUAPS 在 LUEPS 语句 16 后加入一个修剪顶点 j 标记集合的函数 TrimLabel(Label(j)),依据路径近似支配关系(见定义 6 – 4)进行标记集合修剪操作。算法 TrimLabel 描述如下:

```
算法名称:TrimLabel
输入:顶点 j 的标记更新集合 Label(j)
输出:经过标记集合修剪后的 Label(j)
```

```
begin
1    LB = Label(j)
2    Label(j) = ∅
3    Sort(LB)
4    l_P = LB[0]
5    i = 1
6    while i < |LB|
7        l_P' = LB[i]
8        if P' < P then
9            i = i + 1
10       else if P < P' then
11           l_P = l_P'
12           i = i + 1
13       else
14           Label(j) = Label(j) ∪ {l_P}
15           l_P = l_P'
16           i = i + 1
17       end if
18 end while
19 Label(j) = Label(j) ∪ {l_P}
end
```

TrimLabel 中,语句 3 的作用是按照耗费能量由低到高的顺序对集合 LB 中所有标记进行排序。LB[i] 是 LB 集合的第 i 个元素。TrimLabel 中语句 1~4 是初始化过程。语句 5~19 按照路径近似支配关系(定义 6-4)进行标记集合修剪操作。下面将对 LUAPS 特性进行分析。

定理 6-3:LUAPS 是一种多项式时间算法。

证明:由 TrimLabel 伪码可知,最坏情况下 TrimLabel 的时间复杂度是 $O(L \cdot$

$\ln(L)$),其中 $L = \max(|\text{Label}(i)|)$,$v_i \in V(G) \setminus \{v_s\}$。则 LUAPS 的时间复杂度是 $O(n^2 L^2 \ln(L))$,其中 n 是问题规模。对于近似支配关系条件(1),记 Engy 是星载电池的最大容量,则对于 $\forall P \in \text{PATH}_{s,t}$,有 $E(P) \leq \text{Engy}$。由 TrimLabel 和定义 6-4 可知,近似支配关系将能量区间 $[0, \text{Engy}]$ 最多分为了 $\lfloor \log_{1+\varepsilon_1} \text{Engy} \rfloor$ 份($\lfloor \ \rfloor$ 是向下取整函数),再加上 0 和 Engy 两个元素,则对于 $\forall v_i \in V(G) \setminus \{v_s\}$,可以得到:

$$|\text{Label}(i)| \leq \log_{1+\varepsilon_1} \text{Engy} + 2 \qquad (6-12)$$

$$\log_{1+\varepsilon_1} \text{Engy} = \frac{\ln \text{Engy}}{\ln(1+\varepsilon_1)} \leq \frac{1+\varepsilon_1}{\varepsilon_1} \ln \text{Engy} = \frac{2n \ln \text{Engy}}{\delta_1} + \ln \text{Engy} \qquad (6-13)$$

将式(6-12)代入式(6-13)可得

$$|\text{Label}(i)| \leq \frac{2n \ln \text{Engy}}{\delta_1} + \ln \text{Engy} + 2 \qquad (6-14)$$

式(6-14)中,δ_1 和 $\ln \text{Engy}$ 是常数,所以最坏情况下 LUAPS 的时间复杂度是 $O(n^4 \lg(n))$。因此 LUAPS 是多项式时间算法。

同理,可证明满足近似关系条件(2)的复杂度是 $O(n^4(n))$。

原命题得证。

下面来分析 LUAPS 的近似程度。为简化问题,这里只考虑能量消耗,而不考虑存储容量。从下面的分析可知,考虑存储器容量消耗的情况分析方法类似。首先引入相关定义。

定义 6-5 规划效能比 $\rho = \dfrac{E}{V}$

设 E 是卫星在规划时段内所消耗的能量,V 是星上自主规划评价值。卫星开机进行对地观测活动,则消耗能量,取得收益。ρ 描述了卫星执行任务的效能,ρ 越小,则效能越高。

在一次规划过程中,ρ 的上限和下限可以根据规划元任务优先级和规划元任务时间窗口大小预先进行估计。不妨设 $\rho_1 < \rho < \rho_2$。一次规划过程中,如果规划元任务时长确定,则 ρ_1 和 ρ_2 也随之确定。

定理 6-4:LUAPS 的近似比为 $(1+\delta)\dfrac{\rho_2}{\rho_1}$

证明:按任务访问起始时间对顶点排序,设序号为 $s, 1, 2, \cdots, n, t$。则对于 $1 < i \leq n$,由定义 6-4 可知,对 $\forall P \in \text{PATH}_{s,i}, l_P \in \text{Label}(i)$ 且 $l_P \notin \text{Label}(i)_{\text{trim}}$($\text{Label}(i)_{\text{trim}}$ 是 TrimLabel 对 $\text{Label}(i)$ 进行修剪操作后的标记集合),则一定 $\exists Q \in \text{PATH}_{s,i}$ 且 $l_Q \notin \text{Label}(i)_{\text{trim}}$,使得

$$E(Q) \leqslant E(P) \leqslant E(Q)\left(1+\frac{\delta}{2n}\right)^{i} \qquad (6-15)$$

将式 $\rho_1 < \frac{E(Q)}{V(Q)} < \rho_2$ 和 $\rho_1 < \frac{E(P)}{V(P)} < \rho_2$ 代入式(6-15)得

$$\frac{V(P)}{V(Q)} \leqslant \frac{\rho_2}{\rho_1}\left(1+\frac{\delta}{2n}\right)^{i} \qquad (6-16)$$

则对于星上自主规划评价值最大的优化路径 P^* ($P^* \in \mathrm{PATH}_{s,i}$),若 $l_{P^*} \in \mathrm{Label}(t)$,且 $l_{P^*} \notin \mathrm{Label}(t)_{\mathrm{trim}}$,则必然存在另一条优化路径 $Q(Q \in \mathrm{PATH}_{s,t})$, $l_Q \in \mathrm{Label}(t)_{\mathrm{trim}}$,使得

$$\frac{V(P^*)}{V(Q)} \leqslant \frac{\rho_2}{\rho_1}\left(1+\frac{\delta}{2n}\right)^{n} \qquad (6-17)$$

且

$$\left(1+\frac{\delta}{2n}\right)^{n} \leqslant \mathrm{e}^{\frac{\delta}{2}} \leqslant 1+\frac{\delta}{2}+\left(\frac{\delta}{2}\right)^{2} \leqslant 1+\delta \qquad (6-18)$$

将式(6-18)代入式(6-17)可得

$$\frac{V(P^*)}{V(Q)} \leqslant \frac{\rho_2}{\rho_1}\left(1+\frac{\delta}{2n}\right)^{n} \leqslant \frac{\rho_2}{\rho_1}(1+\delta) \qquad (6-19)$$

原命题得证。

仅考虑能量消耗的情况下,定理6-3保证了LUAPS能在多项式时间内给出自主运行卫星星上自主规划问题优化解;定理6-4给出了LUAPS的近似性能。同理,如果只考虑存储消耗,而不考虑能量,亦可得到LUAPS的近似比。根据定义6-4可知,LUAPS同时考虑能量、存储资源消耗时的近似比即为两者的最大值。

与LUEPS相比,LUAPS虽然不一定能找到自主规划距离内星上自主规划评价值最大的优化路径,但由于LUAPS计算时间复杂度优于LUEPS,则通常情况下,使用LUAPS的卫星自主规划距离大于使用LUEPS的卫星自主规划距离。已有相关研究工作表明,卫星自主规划距离越大,则取得的规划效果越好[91]。所以,在某些情况下LUAPS能够取得优于LUEPS的规划效果。

前面提到,自主运行卫星运行过程中自主规划时段内的规划元任务随时可能发生变化,具体分为规划元任务加入和规划元任务退出两种情况。对于规划元任务加入的情况,只需逐一检测其对应图中顶点是否能够加入到每个顶点的路径中,并对标记值进行更新;而对于规划元任务退出的情况,只需删除各顶点中包含该任务对应顶点的路径即可,相关具体细节这里不再赘述。

6.3 基于机器学习的卫星任务星上自主决策方法

6.3.1 卫星对地观测任务序贯决策模型

根据 6.1.1 节的问题描述,自主运行卫星运行过程中并非必须一次计算出自主规划时段内的所有规划元任务的观测方案,最低的要求是,只需确定在当前规划元任务执行结束之后下一个要执行的规划元任务即可,这是典型的序贯决策过程。因此,本节将介绍一种新的问题求解模型——对地观测任务序贯决策模型(图 6-5),其核心思想:自主运行卫星在执行当前规划元任务的同时,按照时间顺序依次对未来一段时间内的规划元任务进行决策,直到找出下一个要执行的规划元任务。该模型的最大优势在于:自主运行卫星可以根据星上的实时状态信息(包括能源状态、存储器状态、卫星姿态等)以及目标分布信息,实时决策出即将执行的规划元任务,可以快速应对规划元任务的变化并做出反应,极大地提高了卫星对高动态运行环境的响应能力。

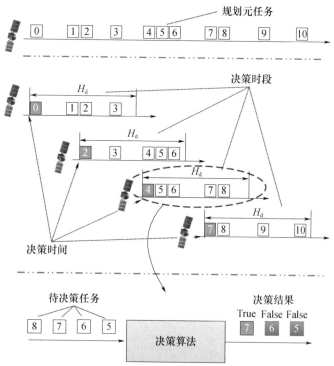

图 6-5 卫星对地观测任务序贯决策模型

设定 t_{sys} 为对地观测卫星星上系统时间,$task_0$ 是待决策的规划元任务,H_d 为最短决策时长,$[t_{sys}, t_{sys}+H_d]$ 为决策区间。对地观测任务序贯决策的工作流程:对地观测卫星在执行当前任务的同时,依次对前向决策时段内的规划元任务进行决策,找出首个要执行的规划元任务;如果决策时段内没有规划元任务或没有决策要执行的规划元任务,那么决策结束时间就是下一个决策时间点。例如,图 6-5 中对地观测卫星依次对决策区间内的规划元任务 5、6、7、8 进行决策。任务 5、6 的决策结果是"False",7 的决策结果为"True",那么任务 7 就是下一个要执行的任务,决策算法退出决策并等待下一轮决策流程,具体流程如下:

算法名称:对地观测任务序贯决策

输入:决策时段内的规划元任务集合 TAS $K_{decision}$,系统时间 t_{sys}

输出:下一个执行的任务 $task_{do}$,下一个决策时间点 t_{next}

```
begin
1    t_next ← t_sys + H_d
2    task_do ← null  //初始化下一执行任务
3    for task_i ∈ TAS K_decision do
4        if constraintcheck(task_i) then  //判断规划元任务
           是否违反约束
5            continue
6        end if
7        do ← makedecision(task_i)  //决策当前规划元任务是否执行
8        if do is True then
9            task_do ← task_i  //更新下一执行任务
10           t_next ← ta_i  //更新下一决策时刻
11           break
12       end if
13   end for
end
```

对地观测任务序贯决策模型回答了什么时候决策,对哪些规划元任务进行决策的问题。接下来需要解决的问题就是采用什么算法对规划元任务是否执

行进行决策。监督学习[162]作为一类主要的机器学习方法,它可以从输入—输出样本对中学习输入到输出的函数映射。考虑到可以积累卫星运行过程中的历史对地观测方案数据,因此可以利用监督学习方法从历史规划数据中学习隐含的决策知识,并与对地观测任务序贯决策模型相结合,实现对规划元任务星上自主实时决策。

本节将首先分析星上自主规划决策机器学习模型中的分类特征向量,然后以集成学习和深度神经网络为代表,介绍相应的卫星对地观测任务序贯决策算法,其工作过程如图6-6所示。

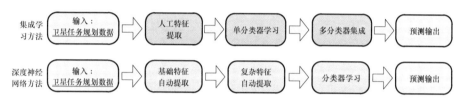

图6-6 基于集成学习和深度神经网络的卫星任务序贯决策工作流程示意图

值得注意的是,由于对地观测任务决策模型的训练需要大量的训练样本,且对计算资源的要求较高,因此可以采用"地面训练,星上使用"的模式,将对地观测任务决策模型在地面训练好后再将其上注到星上。

6.3.2 观测任务星上自主决策特征要素分析

利用机器学习方法来决策规划元任务是否应该被执行,如何对原始数据进行表达(即决策特征的提取与选择)是解决问题的关键所在。在规划调度算法中,任务优先级和与之冲突的目标的数量及优先级是该任务是否被安排的重要决策指标。因此,在决策模型的特征要素分析中,其也需要被重点考虑。从任务整体层面来看,规划元任务共同竞争星上有限的能源、存储、设备资源。如果执行的任务越多,卫星对地观测的时间就会越长,消耗的资源就会越多,那么就会没有充足的充电时间来补充能量,给后续规划元任务可使用的资源就会越少;而如果执行任务较少,则会造成卫星资源利用不充分,影响对地观测效益。因此,在决策一个规划元任务是否应该被执行时,不仅需要考虑卫星当前能源、存储等资源状态信息、待决策规划元任务属性信息,还应该将后续规划元任务的属性及分布信息统筹考虑进来。

为了充分表示规划元任务分布信息、资源竞争关系及冲突程度,本节对可能影响任务决策结果的相关特征进行归纳总结,设计了资源设备状态特征、待决策规划元任务属性特征、冲突规划元任务特征、非冲突规划元任务特征和邻域最优特征等五类特征。

1. 资源设备状态特征

资源设备状态特征是对对地观测卫星的资源及设备状态的统一描述,主要包括影响规划元任务执行的能源、存储、姿态等特征。卫星姿态用于判断当前规划元任务是否满足任务切换要求,是规划元任务执行的硬性约束条件,在规划元任务决策前的约束检测阶段已经进行了考虑。因此,我们主要考虑能源状态、存储状态两个特征。

2. 待决策规划元任务属性特征

待决策规划元任务属性特征是对当前待决策规划元任务的相关属性信息的描述,主要包括规划元任务的观测收益、观测持续时间、能源消耗量、存储空间消耗量 4 个特征。

3. 冲突规划元任务特征

冲突规划元任务是指待决策规划元任务执行后,因卫星工作模式切换约束、能源约束、存储约束的限制而不能执行的规划元任务集合,以及这些冲突任务的优先级之和及总数量。冲突规划元任务特征表征了与待决策规划元任务相冲突的规划元任务集特征向量,共 6 个特征。

4. 非冲突规划元任务特征

如前文所描述,规划元任务之间存在潜在竞争关系,争用卫星有限的能量、存储、设备等资源。为了保证解的优化性,避免规划元任务序贯决策算法因为"短视"而做出不够优化的决策,需要将自主规划时段内的所有规划元任务的分布信息都统计进来。我们可以以轨道周期为划分准则,分别计算后续 k 个轨道周期内的规划元任务的任务集特征向量,共 $4k$ 个特征。

5. 邻域最优特征

该特征量用以描述当前规划元任务的某个属性在其时空邻域内是否为最大。如该规划元任务优先级是否为邻域内最高、观测持续时间是否最长、与之冲突的目标优先级之和是否最大、与之冲突目标数量是否最多、能源消耗量是否最大、存储空间消耗量是否最大等 6 个特征。

值得注意的是,由于卫星平台计算资源受限,过于复杂的决策网络模型难以应用在星上自主决策过程中。邻域最优特征的加入,类似于引入了先验知识,降低决策网络对于潜在特征学习的难度,从而有利于降低决策网络计算复杂度。

6.3.3　基于集成学习的卫星对地观测任务序贯决策方法

集成学习[162]（Ensemble Learning）是一类经典的机器学习方法,它通过改变原始训练样本分布来生成多个不同的弱分类器,并将这些分类器通过某种组合方式得到一个强分类器,是"三个臭皮匠顶个诸葛亮"思想的典型体现。相比于支持向量机、神经网络、决策树等单一监督学习方法,集成学习综合了多个分类器的分类结果,往往能够表现出更优的性能。

根据训练样本选择方式及分类器组合方式的不同,集成学习方法主要可分为Bagging、Boosting等两类(图6-7)。其中,Bagging方法采用有放回的随机抽样方法生成若干个相互独立的训练样本子集,并利用每个训练样本子集训练出多个相互独立的分类器,最后采用某种组合策略综合多个分类器的结果并做出最终的决策,其典型代表就是随机森林算法(Random Forest,RF)。与Bagging方法不同,Boosting方法中的分类器是串行分步训练得到的,当前分类器的训练样本与前面训练得到的分类器的学习结果有关。每次训练时,根据已经训练好了的分类器的分类结果,增大分类错误的样本权重,减小分类准确的样本权重,通过更新训练样本权重的方式从而达到改变数据分布的目的,最后采用某种组合策略综合多个分类器的结果并做出最终的决策,典型代表是梯度提升树(Gradient Boosting Decision Tree,GBDT)。

Bagging和Boosting集成学习方法均通过组合策略将多个弱学习器组合成强学习器,常用的组合策略包括投票法、平均法、学习法等。其中投票法多针对分类问题,主要思想是将多个学习器的输出结果中得票数最多的类别作为最终输出;平均法多针对回归预测问题,主要思想是对多个学习器的输出结果进行加权求和得到最终输出;而学习法则是将弱学习器的输出结果作为输入,训练样本集的标签作为输出,再训练一层学习器来得到最终结果,这也就是常说的stacking集成方法[163]。

通常,Bagging、Boosting方法的基分类器以决策树和神经网络为主,且基分类器越简单,集成模型泛化能力往往越强,越不易发生过拟合。Bagging集成方法中每个基本分类器之间相互独立,不存在依赖关系,其训练目标是降低分类器的偏差,因此决策树模型的深度通常要设置较大且不进行剪枝处理。Boosting方法,每个基本分类器都是在已经训练过的基本分类器基础上对数据进行拟合,每一次迭代过程都会降低模型的偏差,只有选择方差较小的基本分类器才能尽可能避免模型过拟合。也就是说,Boosting方法的基本模型必须为弱模型,因此决策树模型的深度通常要设置较小。

第6章 对地观测卫星星上自主任务规划模型与方法

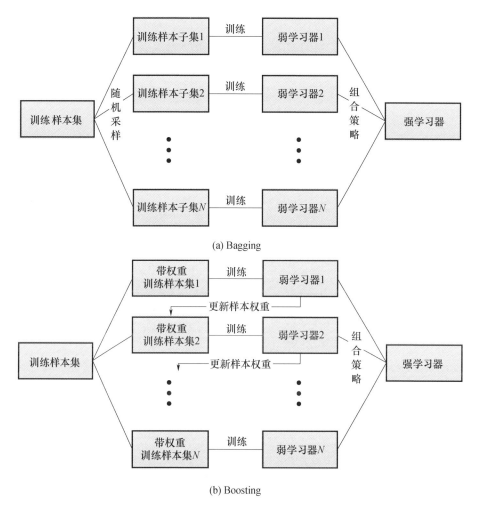

图 6-7 Bagging、Boosting 集成模型示意图

我们可以采用 RF 和 GBDT 等集成学习算法对规划元任务决策模型进行训练。由于 RF 和 GBDT 等集成学习算法都已非常成熟,这里就不做详细介绍。对 RF 和 GBDT 模型细节感兴趣的读者可以进一步阅读参考文献[162]。

对地观测任务决策模型的训练需要大量形如 (x,y) 的样本数据,其中 x 是规划元任务决策时的输入特征向量,$y \in \{0,1\}$ 是规划元任务的决策结果。然而,给定的卫星任务规划问题实例只包含一系列的规划元任务及规划结果。因此需要将任务规划实例和观测方案转换成模型训练的样本数据。

我们根据规划元任务在线决策流程,构造了训练样本生成算法,用以生成训练样本。算法按照时间顺序从小到大依次计算每个规划元任务的决策特征向量,如果观测方案中包含该任务,则其标签值设定为1,否则设定为0。值得注意的是,在规划元任务实时决策过程中,因违反能源、存储、任务切换等约束条件而不能执行的规划元任务是不需要进行决策的。因此在生成样本的过程中,因违反相关约束条件而不能执行的规划元任务将会被直接舍弃,不加入训练样本中。

算法名称:训练样本生成算法

输入:卫星任务集合 TASK,对地观测方案 P,集成学习模型 model

输出:带标签的训练样本 samples

Begin
1　samples←null
2　for $task_i$ ∈ TASK do
3　　　if not constraintscheck($task_i$) then //判断规划元任务是否违反约束
4　　　　continue
5　　end if
6　　TAS $K_{decision}$←tasksindecisionhorizon() //获取决策时段内的规划元任务
7　　$feature_i$←getfeature($task_i$, TAS $K_{decision}$)
8　　if $task_i$ ∈ P then
9　　　　$label_i$←1
10　　else
11　　　$label_i$←0
12　　end if
13　　samples←samples∪($feature_i$, $label_i$)
14　end for
end

6.3.4　基于深度神经网络的卫星对地观测任务序贯决策方法

深度神经网络能够通过特定的网络结构自动提取特征从而避免复杂的特征工程,近年来取得了长足发展[164-167]。基于集成学习的卫星对地观测任务序贯决策方法虽然能取得较好的效果,并广泛应用于实际中,但无法避免复杂的手工特征提取过程。相对而言,基于深度神经网络的卫星对地观测任务序贯决策方法,代表了未来技术的发展趋势。

深度神经网络的代表——卷积神经网络(Convolutional Neural Network,CNN)通过多个卷积层来自动提取图像特征,被广泛应用于图像分类、图像分割、图像生成等计算机视觉(Computer Vision,CV)领域[168-169],所取得的效果通常优于基于特征工程的传统机器学习方法;循环神经网络(Recurrent Neural Network,RNN)通过带反馈的网络结构可以自动提取序列数据特征,在语音识别、机器翻译、图片命名等自然语言处理(Natural Language Processing,NLP)问题上表现良好[170-171]。深度神经网络等新技术新方法的出现与应用,为我们的研究提供了新的思路,同时也带来新的挑战。本节中,我们将针对基于卷积神经网络和循环神经网络等两类典型深度神经网络设计对应的卫星对地观测任务序贯决策算法。

1. 深度神经网络对地观测任务决策模型

1)基于卷积神经网络的对地观测任务决策模型

基于卷积神经网络的对地观测任务决策模型如图6-8所示,由编码网络(Encoding Network)和分类网络(Classification Network)两部分组成,其中编码网络由2个卷积层(Convolutional Layer)、2个池化层(Pooling Layer)组成,通过多层卷积操作自动提取规划元任务的相关特征信息;分类网络由输出节点数为2的3层全连接神经网络(Fully-Connected Neural Network)组成,根据编码网络输出的高度抽象特征,通过多层线性运算输出各个类别(1为执行,0为不执行)的概率。最后选择输出概率值最大的类别作为最终的决策结果。

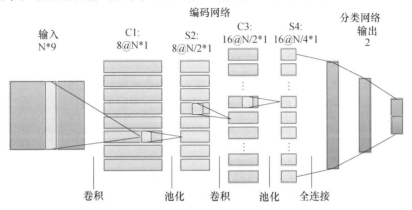

图6-8 基于卷积神经网络的对地观测任务决策模型

2）基于循环神经网络的对地观测任务决策模型

基于循环神经网络的对地观测任务决策模型由编码网络和分类网络两部分组成，具体如图6-9所示。其中编码网络采用循环神经网络结构自动提取规划元任务相关特征，并将最后一个隐藏层的输出作为分类网络的输入，分类网络则通过全连接神经网络来计算各类的概率，并以此来判断任务的执行状态。

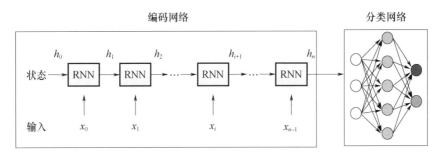

图6-9 基于循环神经网络的对地观测任务决策模型

编码网络中，循环神经网络因采用的循环神经元结构的不同而有所区别。LSTM[172]（Long Short - Term Memory）是一种经典的循环神经网络，因其独特的门结构设计，有效地解决了序列数据的长期依赖问题，在处理时间序列数据上取得了令人满意的效果。因此可以将LSTM作为循环神经网络的神经元结构。

目前，已有大量关于卷积神经网络、循环神经网络的文献，细节可参考文献[167]，本节不再赘述。

对于以上两种深度神经网络对地观测任务决策模型，两者适用的场景略有差别。卫星任务规划问题中，规划元任务可以看作是时间序列数据，因而基于循环神经网络的对地观测任务决策模型通常能够取得更优的决策效果，但代价是需要花费更长的训练时间。而基于卷积神经网络的对地观测任务决策模型中卷积、池化等操作具有天然的并行计算特性，因而具有更高的训练效率。如果星载计算机计算能力充足，可以使用循环神经网络模型来对对地观测任务进行决策；而如果星载计算机能力有限，则建议使用卷积神经网络模型。

2. 模型输入表示

利用深度神经网络来决策规划元任务的执行状态，需要将原始规划元任务数据转换为深度神经网络可识别的输入数据。对于卷积神经网络，其输入为多维矩阵数据；而对于循环神经网络，其输入为序列数据。要决策规划元任务是否执行,取决于当前的能源、存储等资源状态以及自主规划时段内的规划元任务分布的影响。对于自主规划时段内的规划元任务,可以将其看作是按照时间顺序排列的规划元任务序列,同样也可以将其看作是二维矩阵数据。由于卷积神经网络的输入必须为指定大小的矩阵数据,为同时满足其使用要求,可以设定输入规划元任务序列的长度为固定值。当输入序列长度不足时,则对数据进行补 0 处理。

模型输入表示中,我们采用 6.3.2 节分析得出的特征要素,称为规划元任务的特征向量。设定 $TASK_{input} = \{task_0, task_1, \cdots, task_{k-1}\}$ 是按照时间顺序从小到大排列的规划元任务序列,$task_0$ 是待决策规划元任务。对于 $\forall\, task_i \in TASK_{input}$,其特征向量 $\boldsymbol{x}_i$ 可表示为 $(\psi_i, eng_i, mem_i, t_e^i - t_b^i, t_b^i - t_e^{i-1}, \Delta eng_{(i-1)i}, \Delta mem_{(i-1)i}, c_{(i-1)i}, c_{0i}, BST_i)$。

(1) ψ_i:规划元任务 $task_i$ 的优先级。

(2) eng_i:规划元任务 $task_i$ 执行时需要消耗的能量资源。

(3) mem_i:规划元任务 $task_i$ 执行时需要消耗的存储资源。

(4) $t_e^i - t_b^i$:规划元任务 $task_i$ 的持续观测时间。

(5) $t_b^i - t_e^{i-1}$:规划元任务 $task_i$ 至规划元任务 $task_{i-1}$ 的时间间隔。

(6) $\Delta eng_{(i-1)i}$:规划元任务 $task_{i-1}$ 至规划元任务 $task_i$ 的时间间隔内能量的补充量。如果 $task_i$ 是输入序列的首个规划元任务,则 $\Delta eng_{(i-1)i}$ 用星上当前时刻的能源状态代替。

(7) $\Delta mem_{(i-1)i}$:规划元任务 $task_{i-1}$ 至规划元任务 $task_i$ 之间的存储状态变化量。$\Delta mem_{(i-1)i}$ 默认为 0,如果 $task_i$ 是输入序列的首个规划元任务,则 $\Delta mem_{(i-1)i}$ 用星上当前时刻的存储状态代替。

(8) $c_{(i-1)i}$:如果规划元任务 $task_{i-1}$ 和规划元任务 $task_i$ 满足卫星工作模式切换约束,则 $c_{(i-1)i} = 0$,否则 $c_{(i-1)i} = 1$。

(9) c_{0i}:如果规划元任务 $task_i$ 和规划元任务 $task_0$ 满足所有约束条件,则 $c_{0i} = 0$,否则 $c_{0i} = 1$。

(10) BST_i:布尔类型的集合变量,表征当前规划元任务 $task_i$ 是否在邻域中为属性最大值,包括优先级、观测持续时间、冲突的目标优先级之和、冲突目标数量、能源消耗量、存储空间消耗量等是否为邻域内任务最大值。

根据规划元任务的特征向量表示,可以构建卷积神经网络和循环神经网络的原始输入数据,具体如图 6-10 所示。图 6-10 中,每一列对应一个规划元任务,每一行对应规划元任务在该维度上的特征值。

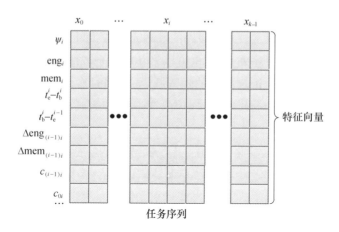

图 6-10 深度神经网络输入表示示意图

3. 损失函数

我们采用交叉熵损失函数(Cross - entropy Cost Function,见式(6-20))[162]和 Adam[173]优化算法对基于深度神经网络的对地观测任务决策模型进行训练：

$$L = -[y \cdot \log \hat{y} + (1-y)\log(1-\hat{y})] \quad (6-20)$$

式中：y 和 $\hat{y}$ 分别为样本标签的真实值和模型输出的预测值。

基于深度神经网络的对地观测任务决策模型训练样本的获取方式与基于集成学习的对地观测任务决策模型类似，可参考 6.3.3 节的对地观测任务决策模型训练样本生成算法。

4. 深度神经网络压缩

近年来，虽然星上计算平台得到了长足发展，计算能力进一步增强，但较地面系统而言，星上平台的计算能力与存储能力依然较弱。虽然深度学习模型在地面完成训练，再通过指令上注方式上传到卫星平台，卫星平台只需要运行该网络完成决策，但决策网络参数量过大，层数过多，层间连接过于复杂，也会导致决策失效或决策过缓，影响系统整体效能。鉴于此，需要针对星上平台的计算能力，设计深度和复杂度与之相适应的神经网络，而不能一味追求决策效果而不顾决策网络复杂程度。

当前的普遍观点是，由训练好的深度神经网络压缩而成的浅层神经网络，与直接训练得到的浅层神经网络相比，在模型表示能力、泛化能力和稳健性上均有一定优势。于是针对卫星任务星上自主决策问题，应当根据星上平台的计算能力，将地面训练好的深度学习网络模型压缩为相应复杂度的浅层神经网络模型，使之能在资源受限的嵌入式环境下正常运行。

深度神经网络压缩是机器学习研究领域的一个重要分支,近年来取得了大量研究成果。适合于星上自主决策网络压缩的方法有以下几类:

1) 网络剪枝方法

网络剪枝方法较为直观,其目的是发现深度神经网络中冗余的那些连接并将其移除,使其不再参与网络的前向或后向运算,起到减少网络计算量的作用。移除的神经元及相应连接也不再存储,从而也减少了模型的存储量。

通过网络剪枝处理后,原本稠密的神经网络由于部分连接的移除而变得稀疏。在深度神经网络训练完成后,根据某种评价标准定义每条连接的重要程度。一种广泛使用的评价标准是连接权重的绝对值大小。因为该值越小,说明对应神经元对网络输出结果的贡献也越小。这样的神经元在网络中不重要,应该被移除,对应的连接也应当被剪枝。另外,移除一个连接和神经元虽然对深度神经网络输出结果影响微弱,但大量低贡献度神经元及其连接被移除后,可能导致误差累积,网络决策准确度依然会受到较大的影响。为了消除这些影响,一个广泛采用的处理方法是对剪枝后的网络进行微调训练来恢复网络性能。整个网络剪枝和调优交替进行,直至达到模型大小与模型性能间的最佳平衡。由于全连接层冗余度远远高于卷积层,网络剪枝方法在全连接层的压缩中效果通常更为显著。

2) 权值量化方法

权值量化方法通过减少表示每个权重的比特数的方法来压缩神经网络。量化的思想非常简单,就是对权重数值进行聚类(如 k - 均值聚类等)。统计网络权重和激活值的取值范围,找到最大值最小值后进行 min - max 映射把所有的权重和激活映射到 8 位整型范围(- 127 ~ 128)内。

通过权值量化方法,一方面可以减少模型的存储占用的空间。如果深度神经网络模型中数以千万计的参数全部由 32 位表示的浮点型被映射到 8 位整型时,参数大小缩小为原来的 1/4,整个模型的大小也就缩小为原来的 1/4。不仅如此,随着参数量化后模型的减小,网络前向运算阶段所需要的计算资源也会大大减少。

显而易见,权值量化会损失精度,这相当于给网络引入了噪声,但是深度神经网络一般对噪声是不太敏感的,只要控制好量化的程度,对最终决策任务精度影响可以做到很小。从体系结构的角度,权值量化带来的另一个好处是节能和芯片面积,每个数使用了更少的位数,做运算时需要搬运的数据量少了,减少了访存开销(节能),同时所需的乘法器数目也减少了(减少芯片面积)。所以,权值量化方法,较为适合于在嵌入式环境下使用。

3) 低秩近似方法

从数学角度看,深度神经网络的分类与决策过程,可以看成是一系列矩阵运算的叠加。基于低秩分解的方法从分解矩阵运算的角度对模型计算过程进行了优化,具有清晰的数学解释,是减少模型冗余和加速模型运算的一种非常有效的方法,特别是对于全连接层的压缩和加速。在典型的卷积神经网络中,大多数的计算量分布在卷积层中。卷积结构网络层的参数通常以多维矩阵的形式保存。低秩分解方法基于线性代数理论,将庞大的参数矩阵分解为一系列小矩阵的组合,使得小矩阵的组合在表达能力上与原始卷积层基本一致,但计算量上却大幅缩减。因而,低秩近似方法能够在保证一定精度的前提下,采用由浅入深的顺序逐层对卷积层做低秩近似分解处理,极大地降低参数存储所占用的空间与计算量。

低秩近似的缺点也较为明显,当网络规模较大时,分解计算成本高昂,对卷积层压缩有限,且低秩近似只能逐层进行,无法执行全局参数压缩。

4) 知识蒸馏方法

知识蒸馏方法是当前的研究热点,研究方案百花齐放。其思想是使用一个预先训练的大型网络(即教师网络)来训练一个更小的网络(即学生网络)。目的是将大型网络中已经学到的知识,"蒸馏"到小型网络之中,并用该小型网络替代大型网络,完成其分类决策任务,从而完成网络压缩。其本质是将知识从烦琐的模型转移到更适合部署的小模型,与迁移学习的思想也较为契合。知识蒸馏的过程就是让学生网络对教师网络进行拟合,让学生网络从教师网络处"汲取养分""学到知识"。与上述三种网络压缩方法不同,老师网络和学生网络可以是完全不同的网络结构。但一般而言,相似的网络结构,蒸馏效果会更好。知识蒸馏训练过程中,强行要求学生网络输出分布要与教师网络输出分布一致。训练损失函数通常采用 K - L 散度(Kullback - Leibler Divergence)或 MSE(Mean Square Error)等。

具体采用什么压缩方法,可根据专家经验或实验确定,哪种方法对于决策网络的压缩效果最好,在适应星上平台计算能力的前提下,决策效果最好,则采用哪种方法。

第7章 卫星任务规划系统

第3章~第6章分别从集中式规划、动态重规划、分布式规划、星上自主规划等方面对卫星任务规划方法进行了详细阐述,最终这些方法将应用于卫星对地观测任务规划调度系统中。本章主要介绍已经得到实际应用的几种典型卫星任务规划系统和仿真工具,并重点分析较为典型的分布式任务规划系统。

7.1 典型卫星任务规划系统及工具

卫星任务规划系统是对地观测系统的重要组成部分,是促进对地观测卫星资源高效利用的核心部件。目前,各航天大国均设计开发了卫星任务规划系统或仿真实验工具用于对地观测卫星资源的管理与任务规划,如 NASA 的航天器任务规划调度系统[111,174-175](Automated Scheduling and Planning Environment, ASPEN)、欧洲航天局(European Space Agency,ESA)的 The ESTRACK Planning System(EPS)[176-177],以及通用的航天任务分析工具(Satellite Tool Kit,STK)[178]等,下面以 ASPEN 和 STK 为代表进行简要介绍。

7.1.1 ASPEN/CASPER

ASPEN 是一个面向对象的任务规划系统(图7-1),它通过对航天器的可操作性约束、飞行规则、航天器硬件模型、科学实验目标、操作程序等进行编码,自动生成航天器可执行的低级动作指令。ASPEN 提供可重用的、实现复杂规划调度系统的软件组件,具体包括:

(1)一种统一且易于表达的约束建模语言。它允许用户自定义应用程序,并完成二次开发。

(2)约束管理系统。用于表示和维护航天器的可操作性和资源约束以及活动要求。

(3)一系列用于方案生成和修复的搜索策略。它能够满足严格的约束要求。

(4)一种用于表示方案偏好,并优化这些偏好的语言。

(5)实时规划/重规划系统 CASPER(Continuous Activity Scheduling Planning Execution and Replanning)。

(6)用于表达和维护卫星使用约束的时序推理系统。

(7)用于规划结果展示的可视化图形界面。

CASPER 是 ASPEN 系统的核心,它采用局部的、启发式的迭代搜索方法来进行规划、调度和优化,使得航天器能够适应资源、任务的变化,并及时快速生成可执行方案。其核心思想在 1.3 节已经进行介绍,此处不再赘述。

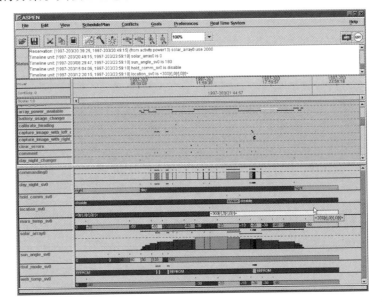

图 7-1　ASPEN 图形可视化界面

7.1.2　STK

STK 卫星工具包,是美国 Analytical Graphics 公司开发的一款商品化航天任务分析与仿真软件,其功能涵盖了概念、需求、设计、制造、测试、发射、运行和应用等航天任务周期全过程。其主要功能包括:

(1)分析能力。计算卫星在任何时刻的位置和姿态、卫星或地面站遥感器的覆盖区域。

(2)轨道生成。提供卫星轨道生成向导,帮助用户建立常见轨道,如地球同步轨道、近地轨道等。

(3)可见性分析。支持计算运载火箭、导弹、飞机、地面车辆、目标等空间对象间的访问时间,能够在对象间增加几何约束条件(如可视范围、最小仰角等)来进行细节上的仿真。

(4)可视化展示。支持在二维地图(图7-2(a))、三维地图(图7-2(b))可视化模块上显示所有以时间为单位的信息,对任务场景变化等具备多窗口实时显示能力。

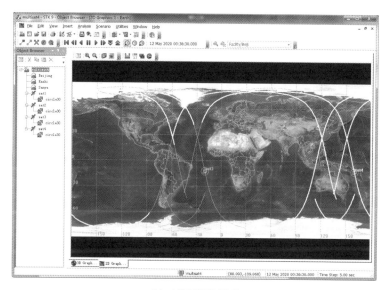

(a) 二维可视化界面

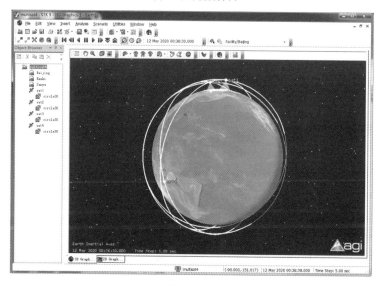

(b) 三维可视化界面

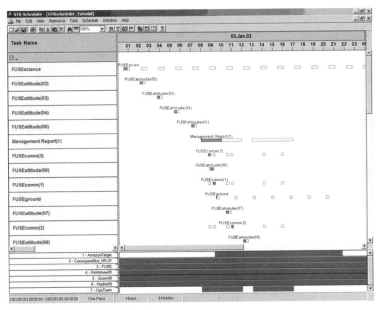

(c) 航天器资源任务规划界面

图 7 - 2　STK 图形可视化界面

(5) 全面的数据报告。提供超过一百种文字或图表形式的报告信息,支持用户定制。

(6) STK 能通过启发式算法进行航天器资源任务规划,规划界面如图 7 - 2(c)所示。

7.2　分布式卫星任务规划系统

为实现对多种不同类型的对地观测卫星进行联合规划调度,同时具有良好的扩展能力,能够适应任务、地面资源、卫星的变化,基于 Multi - Agent 系统的分布式卫星任务规划系统应运而生。本节将介绍典型的分布式卫星任务规划的体系架构与人机交互接口,重点参考了文献[125,136,179 - 181]的工作。

7.2.1　系统架构设计

分布式卫星任务规划系统采用"客户端—服务端"的系统体系架构(图 7 - 3),服务端部署于服务器集群上,负责接收来自外部系统的对地观测需求及相关资源状态信息,运行多星协同任务规划算法,生成卫星对地观测方案。客户端分为中心用户客户端与终端用户客户端,中心用户客户端提供一般的任务规划流程,包括规划结果查看与修订等;终端用户客户端支持多种移动平台,包括手持移动设备、车载移动设备等。终端用户通过客户端远程登录到卫星运控中心,可提交对地观测需求,制定与之相关的卫星对地观测方案。

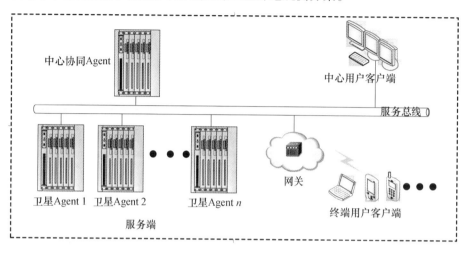

图7-3 分布式卫星任务规划系统硬件组成

根据系统硬件架构,分布式卫星任务规划系统软件的主要模块组成如图7-4所示。

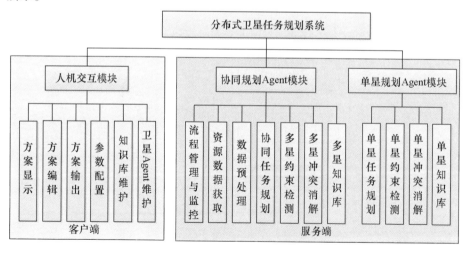

图7-4 分布式卫星任务规划系统软件主要模块

分布式卫星任务规划系统的服务端基于 Multi-Agent 系统架构设计而来,包含协同规划 Agent 模块和单星规划 Agent 模块。分布式卫星任务规划系统的客户端主要集成对地观测方案展示与人机交互功能。本节将主要对服务端进行介绍,客户端模块将在7.2.2节进行介绍。

协同规划 Agent 负责管理各卫星 Agent,并与各卫星 Agent 协同,完成对地观测任务分配。各模块功能如下:

(1)流程管理与监控单元。控制管理各模块协同流程,监控各模块的工作状态并生成监测信息,监测运行故障并负责告警。

(2)资源数据获取单元。获取系统运行参数、对地观测任务需求、卫星资源、地面站资源、测控资源以及卫星轨道数据等信息,并计算资源访问性,包括卫星对待观测目标访问时间窗,地面站对卫星的数传时间窗以及测控系统对卫星的测控时间窗。

(3)数据预处理单元。主要由任务检测过滤和工作模式推理两个部分构成,任务检测过滤主要根据专家系统知识库,对输入的任务信息的合法性进行检测,对不满足要求的卫星对地观测任务和数传资源进行过滤(如可见光卫星无法在夜间执行对地观测任务)。工作模式决策模块负责获取对地观测任务信息和数传资源信息,基于任务规划知识库中的任务工作模式规则,推理决策卫星载荷的工作模式,具体如图7-5所示。

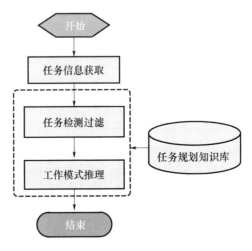

图7-5 数据预处理单元工作流程

(4)协同任务规划单元。根据对地观测任务和地面站资源、测控等地面资源,统筹协调多个单星规划 Agent 进行规划计算。通过分布式协同规划算法将任务和资源分解到各个单星规划 Agent,并接收多个单星规划 Agent 生成的单星对地观测方案,再对多个单星对地观测方案进行方案评估与融合,形成总的卫星对地观测方案。

(5)多星约束检测单元。负责对卫星使用约束进行检测。

(6)多星冲突消解单元。负责运用冲突消解算法消解因违反卫星使用约束而导致的资源使用冲突。

(7)多星知识库。用于存储并管理数据预处理和多星协同规划等过程中所需的知识规则。专家系统知识库包含的规则类别如图7-6所示。

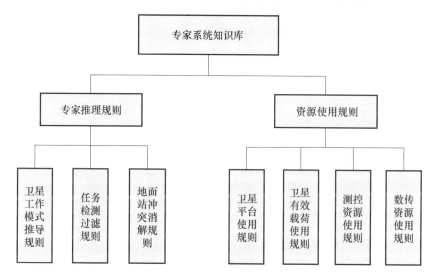

图7-6 专家系统知识库结构图

分布式卫星任务规划系统服务端协同规划Agent提供显示界面供用户查看规划计算状态,如图7-7所示。

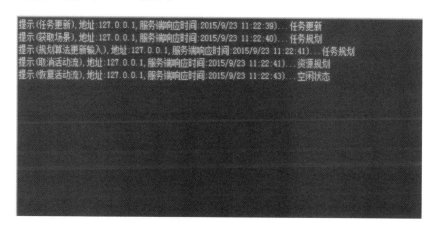

图7-7 分布式卫星任务规划系统服务端协同规划Agent运行界面

单星规划 Agent 模块在协同规划 Agent 模块的组织下,完成单星任务规划,将规划结果提交协同规划 Agent 模块,其各子模块功能如下:

(1)单星任务规划单元。根据协同规划 Agent 分配的任务和资源,调用单星规划算法进行规划计算,生成单星对地观测方案,并发送给协同规划 Agent。

(2)单星约束检测单元。基于该卫星使用约束,对单星对地观测方案进行冲突检测。

(3)单星冲突消解单元。基于冲突消解算法对单星对地观测方案中的任务冲突进行消解。

(4)单星知识库。负责存储并管理单星规划计算中所需的知识规则。

分布式卫星任务规划系统服务端单星规划 Agent 提供显示界面供用户查看该单星规划 Agent 模块的状态,如图 7-8 所示。

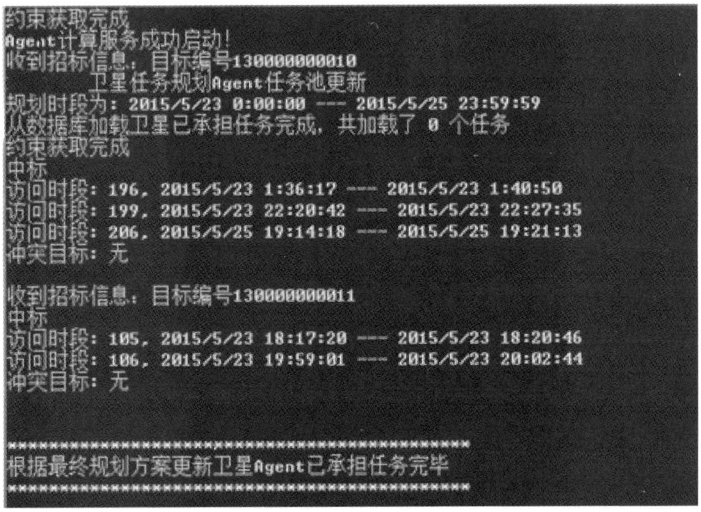

图 7-8　分布式卫星任务规划系统服务端单星规划 Agent 界面

7.2.2　人机交互接口设计与展示

为便于用户对卫星对地观测方案进行查看和编辑,以及对分布式卫星任务规划系统进行管理维护,系统提供了对地观测方案查看与编辑、卫星资源管理、知识库管理等多个人机交互接口供用户操作。

1. 对地观测方案查看与编辑人机交互接口

对地观测方案的查看与编辑人机交互接口提供了表格、甘特图和电子地图三种人机交互方式。其中,表格重点展现卫星规划元任务属性信息;甘特图重点展现规划元任务时间关系信息;电子地图重点展现卫星规划元任务空间关系信息。

1) 表格

表格可以将对地观测方案中各项属性元素详细信息进行显示,也可直接进行编辑操作,如图7-9所示。

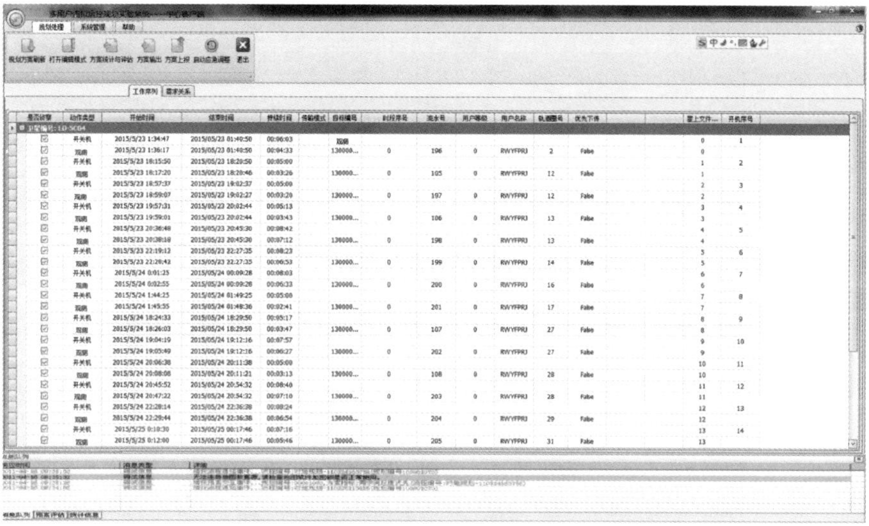

图7-9 对地观测方案表格可视化人机交互界面

2) 甘特图

甘特图以图形化的方式通过活动列表和时间刻度形象地表示出任何特定项目的活动顺序与持续时间。针对卫星对地观测活动序列和地面站接收工作序列设计了基于甘特图的可视化表现方式。一个典型的基于甘特图表示的规划方案如图7-10所示。图7-10表示了四颗卫星和三个地面站的工作序列。图7-10(a)是规划方案二维甘特图显示,图7-10(b)是规划方案三维甘特图显示。

基于甘特图的规划结果可视化表现方式的优点在于能非常直观地表现出对地观测任务及资源的时序关联关系。用户可在甘特图界面上对卫星对地观测方案进行调整。用户进行调整后,规划系统将自动对调整后的规划结果进行约束检测。对违反约束的调整,规划系统将显示约束违反提示信息,并进一步给出可行的调整建议。

甘特图可视化方式的弱点是难以有效表现卫星及地面站工作序列与观测目标空间位置的关系。于是需要引入基于电子地图的规划结果可视化表现方式作为甘特图可视化表现方式的必要补充。

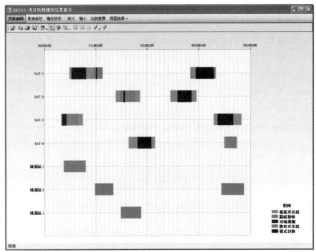

(a) 二维甘特图规划方案显示

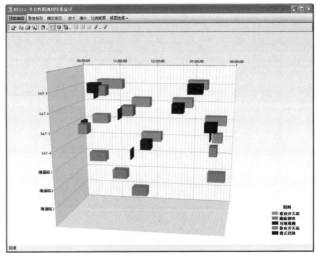

(b) 三维甘特图规划方案显示

图 7-10　对地观测方案甘特图可视化人机交互界面

3)电子地图

电子地图用以显示卫星轨道和目标及数传等资源的空间位置关系,系统提供了基于 GIS(Geographic Information System)的规划结果可视化表现方式,如图 7-11 所示。电子地图的底图通常选用高精度墨卡托投影的世界地图。规划人员可在电子地图上调整卫星对地观测方案,调整的过程与甘特图界面中的调整过程类似。图 7-11 显示了卫星 SAT-3 的轨道及对地观测目标信息。其中与 SAT-3 轨道颜色相同的目标是 SAT-3 对地观测工作序列中包含的目标。SAT－3 卫星轨道中黑色加粗的弧段表示卫星在该弧段将执行数传活动，地面站 1 和地面站 3 将接收来自 SAT－3 卫星的数据。

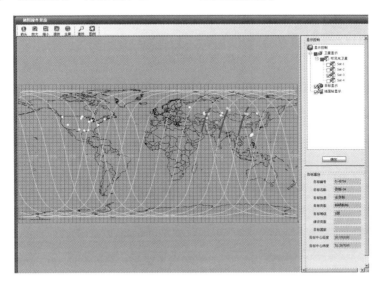

图 7－11　对地观测方案地图可视化人机交互界面

2. 卫星资源管理人机交互接口

用户可以在客户端完成卫星规划 Agent 的注册、注销功能，操作界面如图 7－12 所示。其中，“休眠”状态代表了卫星规划 Agent 已经部署但未正式进入参与规划计算的状态，只有处于“激活”状态的卫星规划 Agent 才能参与规划。

Agent名称	卫星名称	服务位置	终结点信息	状态
A01.exe	A01	..\..\..\ 3...	net.tcp://12...	休眠
A02.exe	A02	..\..\..\ 3...	net.tcp://12...	休眠
A03.exe	A03	..\..\..\ 3...	net.tcp://12...	休眠
B01.exe	B01	..\..\..\ 3...	net.tcp://12...	休眠
B02.exe	B02	..\..\..\ 3...	net.tcp://12...	休眠
B03.exe	B03	..\..\..\ 3...	net.tcp://12...	休眠
C01.exe	C01	..\..\..\ 3...	net.tcp://12...	休眠
C02.exe	C02	..\..\..\ 3...	net.tcp://12...	休眠
C03.exe	C03	..\..\..\ 3...	net.tcp://12...	休眠
C04.exe	C04	..\..\..\ 3...	net.tcp://12...	激活
C05.exe	C05	..\..\..\ 3...	net.tcp://12...	休眠

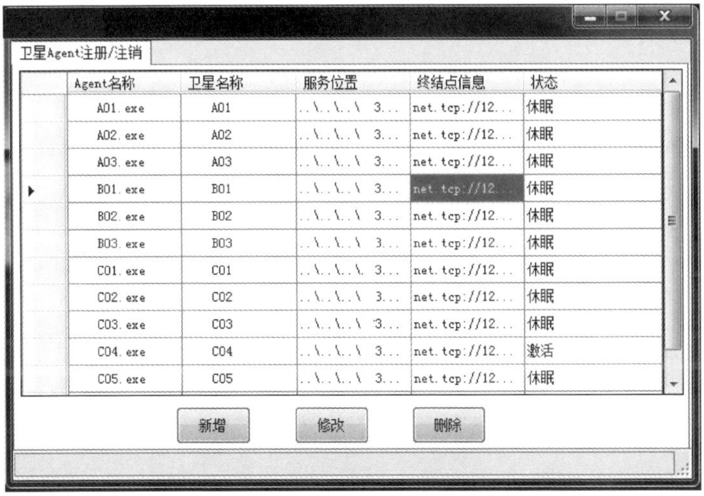

图 7－12　卫星 Agent 状态管理界面

3. 知识库管理人机交互接口

分布式卫星任务规划系统客户端提供知识库管理人机交互接口，维护和管理数据预处理和多星协同规划所需知识与规则，包括规则以及知识的添加、删除、修改和检索等功能。该模块能够帮助用户了解专家系统使用的规则和事实，也可以使知识工程师根据实际需求对规则进行调整。知识库管理人机交互接口如图7-13所示。

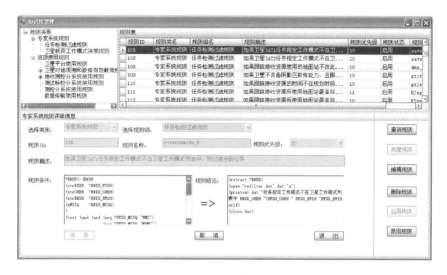

图7-13 专家系统知识库维护人机交互界面

第 8 章 总结与展望

随着世界航天事业的蓬勃发展,在轨运行的卫星数量、种类以及各种配套航天资源不断增长,卫星任务规划在学术界和产业界均受到了前所未有的重视。各种新技术、新方法不断涌现。本书的写作目的之一也是对当前现有技术进行梳理,并展望未来的技术趋势。

8.1 总结

本书以"问题(第1章、第2章)—模型和算法(第3章~第6章)—应用(第7章)"的顺序介绍了卫星任务规划领域的主要研究与实践进展。

第1章介绍了卫星任务规划的研究背景与意义、卫星任务规划各个分支的发展现状,以及本书的写作思路。目的是给读者一个宏观印象,无论是对于初入卫星任务规划领域的新手,还是在本行业中深耕的学者,或是实际开发与操作经验丰富的工程技术人员而言,都能够选择自己感兴趣的章节进行细读。

第2章给出了卫星任务规划问题的定义。从介绍对地观测卫星系统的工作原理与典型流程开始,给出相关的概念及术语。然后从规划调度的角度着重分析了对地观测卫星系统中各个要素对规划调度带来的挑战。本章的作用在于提出问题和分析难点。后续章节将在不同的调度场景下解决卫星任务规划问题。

第3章介绍确定性条件下的卫星集中式任务规划模型与算法。所谓"确定性条件"是指,一旦规划调度开始,则假设对地观测任务及卫星资源均不再发生变化。这是最传统也是最常用的卫星任务规划模式。国内外大量的卫星运行控制中心采用此类算法进行日复一日的卫星常规对地观测任务安排。本章主要介绍了基于演化计算的求解方法,使用别的元启发式算法(如禁忌搜索算法、蚁群算法、模拟退火算法、粒子群算法、烟花算法等)的求解过程也与之类似。

第4章介绍在动态场景下的卫星任务重调度方法。特别考虑在卫星对地观测方案已经形成后,由于任务变化和卫星资源失效而使用的卫星任务重调度方法。在实际中,这类方法经常用于应急情况下的卫星对地观测任务规划。

第5章介绍卫星任务分布式调度方法。这是未来的发展趋势之一。对地观测卫星任务规划将逐渐由静态离线集中式批处理的方式向动态在线分布式随遇处理的方式发展。本章基于 Multi-Agent System 的思想建立对地观测卫星分布式规划模型,并提出了基于合同网协商的规划算法和基于黑板模型及演化计算的卫星分布式任务规划算法。目前,该类方法依旧是研究的热点,在实际应用中也初见成效。

第6章面向具有星上处理能力的自主运行对地观测卫星,介绍其任务规划模型与算法。分别介绍了基于图论的规划模型与算法以及基于机器学习的序贯决策模型及方法,并分析了两类方法的适用场景。自主运行卫星的发展,受到了世界各航天大国的高度重视,但目前主要用在深空探测等星地通信受限的应用领域,自主运行对地观测卫星目前仍是方兴未艾。本章介绍的方法有较好的研究价值与应用前景。

第7章介绍了典型卫星任务规划系统的体系架构、主要功能与人机交互接口,力图促进本书相关关键技术在实际中的应用。

8.2 未来的技术趋势

未来的卫星任务规划在研究与实践上,有如下趋势:

8.2.1 基于偏好多目标优化的卫星任务规划方法

从本质上讲,卫星任务规划问题是一个多目标优化问题。如在卫星对地观测任务的规划中,有任务重要性、任务时效性、任务完成度等三个优化目标,最理想的情况是三个优化目标均达到最优。但实际上,这些优化目标之间往往存在一定的冲突,即提高某个优化目标的效益往往会导致另一些优化目标效益降低。如在卫星系统观测能力恒定的前提下,提升任务重要性指标,则要求有更多的重要目标被观测,那么必然有更多的低优先级目标不能被观测,从而导致任务完成度指标降低。多目标优化就是给出一组优化解,这些解之间不能相互支配(不存在某一个解在每一个目标函数上都优于另一个解),称为非支配解集。最终,决策者再根据实际需要(用户偏好)从中选择一个或小部分符合决者期望的解。可见,相较于单目标优化的卫星任务规划算法而言,多目标优化算法计算量更加巨大,导致计算时间相对更长,在工程实践中使用较少,目前还停留在理论研究阶段。在决策过程中,决策者对非支配解集中解的挑选存在潜在偏好,如果能利用决策者提供的偏好信息引导算法搜索方向,使算法着重搜索并产生符合决策者偏好的那部分非支配解,必将提升算法求解针对性,从而减少计算时间。其难点在于用户偏好信息的建模、提取与表达,偏好多目标优化算法的设计等。

8.2.2 多星星上自主协同任务规划方法

卫星星上自主任务规划能够提高对地观测系统的快速响应能力,是卫星任务规划的一个重要发展趋势。而多星星上自主协同任务规划问题的难度要远远超过单星星上自主任务规划问题。首先,稳定、畅通的通信链路是实现多星星上自主协同任务规划的重要条件,而卫星运动过程中卫星网络拓扑结构的动态变化会导致星间通信网络拓扑结构发生变化,且通信链路不稳定、通信时延等因素导致的机会通信效应极易影响多星自主协同规划的效果。其次,对地观测卫星类型繁多,各卫星的使用约束条件和工作能力不尽相同,在智能化水平上也存在一定差异,不同层次智能化水平的异构卫星集群自适应地进行任务分配仍存在较大的挑战。此外,对地观测需求的复杂多变也对多星自主协同任务规划方法的鲁棒性、高效性提出了更高的要求。因此,多星星上自主协同任务规划问题还需深入研究。

8.2.3 异构空天多传感器协同的任务规划

本书主要研究卫星任务规划相关的理论、模型与方法。而随着我国航天、航空事业的快速发展,以对地观测卫星、无人机、浮空飞艇为代表的空天对地观测资源的协同观测得到了越来越多的重视。

对地观测卫星、无人机、浮空飞艇在运行方式和载荷观测方式上存在较大差异(表8-1),但其表现出了非常好的互补性。如果能够统筹协同卫星、无人机、浮空飞艇等空天资源完成无缝接力地对地观测,势必可以进一步提升任务完成率、观测数据时间分辨率,以及观测数据时效性等,从而更大地发挥宝贵空天资源的综合效益。但是空天资源平台运行方式与载荷使用方法等差别巨大,问题解空间也更加巨大。如何高效、优化地完成对地观测任务规划,是一个具有挑战性的问题。

表 8-1 卫星、无人机、浮空飞艇运行及载荷观测特性对比

资源 能力	对地观测卫星	无人机	浮空飞艇
载荷分辨率	高	极高	高(随着载荷侧摆角度增大而降低)
运行方式	按预定轨道运行	可设定运行轨道	可设定运行轨道
空中悬停能力	无	弱	强
回归观测能力	按周期回归观测	可盘旋连续观测	可凝视观测
移动速度	高速	中速	缓慢
区域覆盖能力	高	中	低
续航能力	高	低	中
平台安全性	安全	一般	较安全

8.2.4 对地观测任务可调度性预测

在现有的多用户卫星对地观测系统中,各用户独立地向卫星运控中心提交对地观测任务。每个用户手上均有一定数量的高、中、低优先级对地观测任务名额。运控中心统筹规划用户提交的对地观测任务。由于对地观测卫星资源有限,仅有部分对地观测任务可以被响应,独立用户之间存在潜在竞争关系。同时,如果多个用户均要求同一区域观测数据,则这些观测需求将被合并,提升该观测需求优先级,可见多个用户在特定条件下也存在合作共赢关系。现有的卫星规划过程对用户而言是一个黑盒,仅在规划计算完毕后通知各用户观测任务受理情况。于是,用户为了保证自身利益最大化,通常会通过试探方式反复修改并提交观测需求,导致运控中心付出大量的计算代价,降低了卫星对地观测系统整体效率。

能否找到一种方法,在不进行规划计算的情况下,快速、低代价、高准确率地预测出对地观测任务集合中可以被响应的子集,从而指导用户为观测任务设定更加合理的属性需求(如优先级、时间分辨率等),进而提升用户对规划过程的参与度?对地观测任务可调度性预测可实现这一目的。

以预测的粒度为划分标准,对地观测任务可调度性预测分为目标级预测、卫星级预测和规划元任务级预测三个层次。目标级预测是指预测各个地面目标是否能够被观测;卫星级预测需要确定哪颗卫星对哪个目标进行观测,不仅需要完成目标级预测,还需要关心执行该观测任务的卫星;规划元任务级预测需要直接预测规划元任务是否被执行,其不仅要完成卫星级预测,还需要确定

特定卫星对特定目标的观测时间。如果能做到高精准度规划元任务级预测,预测结果可作为一个完备的卫星对地观测方案,可为规划算法提供高质量初始解或是直接作为应急情况下的解。显然,预测越精细,预测难度越大。难点在于一个对地观测任务是否能被响应,除了与对地观测卫星系统能力、约束相关外,还与其所处地域、优先级、观测范围要求、观测时间分辨率要求、观测紧急程度要求、观测时长要求、观测时效性要求等复杂因素相关。且卫星飞行方向及其周边是否分布有其他高优先级目标,对该任务能否被响应也存在隐含的依赖关系。所以,与一个对地观测任务能否被响应相关联的特征要素众多,关系极其复杂,如何从这些复杂要素中提取出特征,并建立特征之间的依赖关系模型,进而提升预测精准度,是一个极具挑战性的问题。

参考文献

[1] Hall N G,Magazine M J. Maximizing the value of a space mission[J]. European Journal of Operation Research,1994,78:224 – 241.

[2] Lemaitre M,Verfaillie G,Jouhaud F,et al. Selecting and scheduling observations of agile satellites[J]. Aerospace Science and Technology,2002,6:367 – 381.

[3] Globus A,Crawford J,Lohn J. A comparison of techniques for scheduling earth observing satellites[C]. In the Proceedings of the 16th Conference on Innovative Applications of Artificial Intelligence. San Jose:AAAI,2004:836 – 843.

[4] Bianchessi N,Cordeau J F,Desrosiers J,et al. A heuristic for the multi – satellite,multi – orbit and multi – user management of earth observation satellites[J]. European Journal of Operational Research,2007,177:750 – 762.

[5] 李菊芳. 航天侦察多星多地面站任务规划问题研究[D]. 长沙:国防科技大学,2005.

[6] 王钧. 成像卫星综合任务调度模型与优化方法研究[D]. 长沙:国防科技大学,2007.

[7] 靳肖闪. 成像卫星星地综合调度技术研究[D]. 长沙:国防科技大学,2009.

[8] 孙凯. 敏捷对地观测卫星任务调度模型与优化算法研究[D]. 长沙:国防科技大学,2013.

[9] Wu K,Zhang D,Chen Z,et al. Multi – type multi – objective imaging scheduling method based on improved NSGA – Ⅲ for satellite formation system[J]. Advances in Space Research,2019,63(8):2551 – 2565.

[10] 李龙梅. 基于偏好的进化多目标优化及其在卫星任务规划中的应用[D]. 长沙:国防科技大学,2018.

[11] Gabrel V,Vanderpooten D. Enumeration and interactive selection of efficient paths in a multiple criteria graph for scheduling an earth observing satellite[J]. European Journal of Operational Research,2002,139:533 – 542.

[12] 张帆. 成像卫星计划编制中的约束建模及优化求解技术研究[D]. 长沙:国防科技大学,2005.

[13] Potter W. A photo album of earth:scheduling landsat 7 mission daily activities[C]. In the Proceedings of the 5th International Symposium on Space Mission Operations and Ground Data Systems. Tokyo:AIAA,1998.

[14] Yamaguchi Y,Kawakami T,Kahle A B,et al. Aster mission planning and operations concept

[C]. In the Proceedings of the 5th International Symposium on Space Mission Operations and Ground Data Systems. Tokyo:AIAA,1998.

[15] Muraoka H,Cohen R H,Ohno T,et al. Aster observing scheduling algorithms[C]. In the Proceedings of the 5th International Symposium on Space Mission Operations and Ground Data Systems. Tokyo:AIAA,1998.

[16] Chien S,RabideauG,Knight R,et al. Aspen – automated planning and scheduling for space mission operations[C]. In the Proceedings of the SpaceOps 2000. Toulouse:AIAA,2000:57 – 64.

[17] Rabideau G,Knight R,Chien S,et al. Iterative repair planning for spacecraft operations in the ASPEN system[C]. In the Proceedings of 5th International symposium on Artificial Intelligence Robotics and Automation in Space. Noordwijk:AIAA,1999:440 – 449.

[18] Frank J,Jonsson A,Morris R,et al. Planning and scheduling for fleets of earth observing satellites[C]. In the Proceedings of the 6th International Symposium on Artificial Intelligence, Robotics and Automation in Space. Montreal:AIAA,2001.

[19] Dungan J,Frank J,Jonsson A,et al. Advances in planning and scheduling of remote sensing instruments for fleets of earth orbiting satellites[C]. In the Proceedings of the 2nd Earth Science Technology Conference. Pasadena:AIAA,2002.

[20] Vasquez M,Hao J K. Upper bounds for the SPOT 5 daily photograph scheduling problem[J]. Journal of Combinatorial Optimization,2003,7:87 – 103.

[21] Wolfe W J,Sorensen S E. Three scheduling algorithms applied to the earth observing systems domain[J]. Management Science,2000,46(1):148 – 168.

[22] Lin W C,Liao D Y,Liu C Y,et al. Daily imaging scheduling of an earth observation satellite [J]. IEEE Transactions on Systems,Man,and Cybernetics—Part A:Systems and Humans, 2005,35(2):213 – 223.

[23] 贺仁杰. 成像侦察卫星调度问题研究[D]. 长沙:国防科技大学,2004.

[24] Wang J,Demeulemeester E,Qiu D. A pure proactive scheduling algorithm for multiple earth observation satellites under uncertainties of clouds[J]. Computers & Operations Research, 2016,74:1 – 13.

[25] 郭玉华. 多类型对地观测卫星联合任务规划关键技术研究[D]. 长沙:国防科技大学,2009.

[26] Wang P,Reinelt G,Gao P,et al. A model,a heuristic and a decision support system to solve the scheduling problem of an earth observing satellite constellation[J]. Computers & Industrial Engineering,2011,61:322 – 335.

[27] Chen X,Reinelt G,Dai G,et al. Priority – based and conflict – avoidance heuristics for multi – satellite scheduling[J]. Applied Soft Computing,2018,69:177 – 191.

[28] Chen H,Yang S,Li J,et al. Exact and heuristic methods for observing task – oriented satellite

[29] Liu X, Laporte G, Chen Y, et al. An adaptive large neighborhood search metaheuristic for agile satellite scheduling with time-dependent transition time[J]. Computers & Operations Research, 2017, 86:41-53.

[30] He L, Liu X, Laporte G, et al. An improved adaptive large neighborhood search algorithm for multiple agile satellites scheduling[J]. Computers & Operations Research, 2018, 100:12-25.

[31] Lemaître M, Verfaillie G, Jouhaud F, et al. Selecting and scheduling observations of agile satellites[J]. Aerospace Science and Technology, 2002, 6(5):367-381.

[32] Cordeau J F, Laporte G. Maximizing the value of an earth observation satellite orbit[J]. Journal of the Operational Research Society, 2005, 56(8):962-968.

[33] Bianchessi N, Cordeau J F, Desrosiers J, et al. A heuristic for the multi-satellite, multi-orbit and multi-user management of earth observation satellites[J]. European Journal of Operational Research, 2007, 177(2):750-762.

[34] Tangpattanakul P, Jozefowiez N, Lopez P. A multi-objective local search heuristic for scheduling Earth observations taken by an agile satellite[J]. European Journal of Operational Research, 2015, 245(2):542-554.

[35] Wang P, Reinelt G, Gao P, et al. A model, a heuristic and a decision support system to solve the scheduling problem of an earth observing satellite constellation[J]. Computers & Industrial Engineering, 2011, 61(2):322-335.

[36] 杨剑. 基于区域目标分解的对地观测卫星成像调度方法研究[D]. 长沙: 国防科技大学, 2010.

[37] Xu Y, Liu X, He R, et al. Multi-satellite scheduling framework and algorithm for very large area observation[J]. Acta Astronautica, 2020, 167:93-107.

[38] 朱外明. 面向多星协同观测的区域覆盖优化方法[D]. 合肥: 合肥工业大学, 2019.

[39] Berry P E, Pontecorvo C, Fogg D. Optimal search, location and tracking of surface maritime targets by a constellation of surveillance satellites[R]. DSTO-TR-1480, Commonwealth, Austra Lia: DSTO Information Sciences Laboratory, 2003.

[40] 慈元卓. 面向移动目标搜索的多星任务规划问题研究[D]. 长沙: 国防科技大学, 2008.

[41] 卢盼. 面向海洋移动目标成像侦察任务的规划问题研究[D]. 长沙: 国防科技大学, 2007.

[42] 徐一帆, 谭跃进, 贺仁杰, 等. 海洋移动目标多模型运动预测方法[J]. 火力与指挥控制, 2012, 37(3):20-25.

[43] 张海龙. 多障碍物海面移动目标多星协同搜索方法研究[D]. 合肥: 合肥工业大学, 2019.

[44] 袁波. 面向卫星资源规划的海面运动目标分析方法研究[D]. 长沙:国防科技大学,2010.

[45] Li J F,Yao F,et al. Using multiple satellites to search for maritime moving targets based on reinforcement Learning[J]. 东华大学学报(英文版),2016,33(5):749-754.

[46] 梅关林,冉晓旻,范亮,等. 面向移动目标的卫星传感器调度技术研究[J]. 信息工程大学学报,2016,17(5):513-517.

[47] Pemberton J C,Greenwald L G. On the need for dynamic scheduling of imaging satellites[J]. International Archives of Photogrammetry Remote Sensing and Spatial Information Sciences,2002,34(1):165-171.

[48] Verfaillie G,Jussien N. Constraint solving in uncertain and dynamic environments:a survey[J]. Journal of Constraints,2005,10:253-281.

[49] Verfaillie G,Schiex T. Solution reuse in dynamic constraint satisfaction problems[C]. In the Proceedings of the 12th Conference of the American Association of Artificial Intelligence. Seattle:AAAI,1994:307-312.

[50] Verfaillie G,Bensana E,et al. Dealing with uncertainty when managing an earth observation satellite[C]. In the Proceedings of the 5th International Symposium on Artificial Intelligence,Robotics,and Automation for Space. Noordwijk:AIAA,1999.

[51] Liao D Y,Yang Y T. Satellite imaging order scheduling with stochastic weather condition forecast[C]. In the Proceedings of the 2005 IEEE International Conference on Systems,Man and Cybernetics. Waikoloa:IEEE,2005:2524-2529.

[52] Billups S C. Satellite mission scheduling with dynamic tasking[R]. Final Report of the UC-DHSC Mathematics Clinic,Denver,CO:University of Colorado at Denver,2005.

[53] 刘洋. 成像侦察卫星动态重调度模型、算法及应用研究[D]. 长沙:国防科技大学,2004.

[54] Kramer L A,Smith S F. Task swapping for schedule improvement:a broader analysis[C]. In the Proceedings of the 14th International Conference on Automated Planning and Scheduling. Whistler:AAAI,2004:235-243.

[55] Kramer L A,Smith S F. Task swapping:making space in schedules for space[C]. In the Proceedings of the 4th International Workshop on Planning and Scheduling for Space. Darmstadt:AAAI,2004.

[56] 张利宁,黄小军,邱涤珊,等. 对地观测卫星任务规划的启发式动态调整算法[J]. 计算机工程与应用,2011,47(30):241-245.

[57] Wang J,Zhu X,Qiu D,et al. Dynamic scheduling for emergency tasks on distributed imaging satellites with task merging[J]. IEEE Transactions on Parallel and Distributed Systems,2014,25(9):2275-2285.

[58] Wang M C, Dai G M, Vasile M. Heuristic scheduling algorithm oriented dynamic tasks for imaging satellites[J]. Mathematical Problems in Engineering, 2014.

[59] 简平,邹鹏,熊伟. 动态扰动下低轨预警卫星系统任务规划问题分析[J]. 电子学报, 2014, 42(10):1894-1900.

[60] 刘建银. 面向森林资源观测的多星调度方法研究[D]. 长沙:中南林业科技大学, 2018.

[61] 张铭,卫波,王晋东. 基于启发式算法的卫星反应式调度[J]. 计算机科学, 2019, 46(10):90-96.

[62] Sun H Q, Wei X, Hu X X, et al. Earth observation satellite scheduling for emergency tasks[J]. Journal of Systems Engineering and Electronics, 2019, 30(5):931-945.

[63] Torreño A, Onaindia E, Sapena Ó. An approach to multi-agent planning with incomplete information[J]. arXiv preprint arXiv:1501.07256, 2015.

[64] 高黎. 对地观测分布式卫星系统任务协作问题研究[D]. 长沙:国防科技大学, 2007.

[65] Wang C, Li J, Jing N, et al. A distributed cooperative dynamic task planning algorithm for multiple satellites based on multi-agent hybrid learning[J]. Chinese Journal of Aeronautics. 2011, 24(4):493-505.

[66] 王冲,景宁,李军,等. 一种基于多Agent强化学习的多星协同任务规划算法[J]. 国防科技大学学报, 2011, 33(1):53-58.

[67] Jun L, Ning J, Wei D H, et al. A multi-platform sensor coordinated earth observing missions scheduling method for hazard monitoring[C]. 13th IEEE/ACM International Symposium on Cluster, Cloud and Grid Computing(CCGrid). Delft: IEEE, 2013:554-560.

[68] Feng P, Chen H, Peng S, et al. A method of distributed multi-satellite mission scheduling based on improved contract net protocol[C]. 11th IEEE International Conference on Natural Computation(ICNC). Zhang Jiajie: IEEE, 2015:1062-1068.

[69] Bonnet J, Gleizes M P, Kaddoum E, et al. Multi-satellite mission planning using a self-adaptive multi-agent system[C]. IEEE International Conference on Self-Adaptive and Self-Organizing Systems. Cambridge: IEEE, 2015:11-20.

[70] Du B, Li S. A new multi-satellite autonomous mission allocation and planning method[J]. Acta Astronautica, 2019, 163:287-298.

[71] Zheng Z, Guo J, Gill E. Onboard mission allocation for multi-satellite system in limited communication environment[J]. Aerospace Science and Technology, 2018, 79:174-186.

[72] 崔平远,徐瑞. 深空探测器自主技术发展现状与趋势[J]. 航空学报, 2014(01):13-28.

[73] Bernard D E, Dorais G A, Fry C, et al. Design of the remote agent experiment for spacecraft autonomy[C]. IEEE Aerospace Conference. Snowmass: IEEE, 1998:259-281.

[74] Muscettola N, Fry C, Rajan K, et al. On-board planning for new millennium deep space one

autonomy[C]. IEEE Aerospace Conference. Snowmass:IEEE,1997:303-318.

[75] Chien S,Sherwood R,Tran D,et al. The eo-1 autonomous science agent[C]. IEEE International Joint Conference on Autonomous Agents & Multiagent Systems. New York:ACM,2004:420-427.

[76] Chien S,Knight R,Stechert A,et al. Using iterative repair to improve the responsiveness of planning and scheduling[C]. International Conference on Artificial Intelligence Planning Systems. Breckenridge:AAAI,2000:300-307.

[77] Beaumet G,Verfaillie G,Charmeau M. Feasibility of autonomous decision making on board an agile earth-observing satellite[J]. Computational Intelligence,2011,27(1):123-139.

[78] 张英恩. 多成像卫星自主任务规划模型与算法研究[D]. 哈尔滨:哈尔滨工业大学,2017.

[79] 苗悦. 编队飞行成像卫星的自主任务规划技术研究[D]. 哈尔滨:哈尔滨工业大学,2016.

[80] 薛志家,杨忠,李晶,等. 面向突发性事件的卫星自主任务规划[J]. 指挥控制与仿真,2015(01):24-30.

[81] Knight S,Rabideau G,Chien S,et al. Casper:space exploration through continuous planning[J]. IEEE Intelligent Systems,2001,16(5):70-75.

[82] Chien S,Knight R,Stechert A,et al. Integrated planning and execution for autonomous spacecraft[J]. IEEE Aerospace and Electronic Systems Magazine,2009,24(1):23-30.

[83] Chien S,Wichman S,Engelhart B. Onboard autonomy software on the three corner sat mission[C]. Space OPS Conference. Houston:AIAA,2002:1-7.

[84] Sherwood R,Chien S,Castano R,et al. The Thinking spacecraft:autonomous operations through onboard ai[C]. Spaceops Conference. Rome:AIAA,2006:1-10.

[85] Chien S,Sherwood R,Burl M,et al. A demonstration of robust planning and scheduling in the techsat-21 autonomous sciencecraft constellation[J]. Ear Nose & Throat Journal,2014,86(8):506-511.

[86] Chien,S,Joshua,D,Tran,D. Onboard mission planning on the intelligent payload experiment (IPEX) cubesat mission[C]. International Workshop on Planning and Scheduling for Space. Moffett Field:AAAI,2013:1-5.

[87] Chien S,Bue B,Castillorogez J,et al. Agile science for primitive bodies and deep space exploration[C]. Space OPS Conference. pasadena:AIAA,2014:1-7.

[88] Chien S,Rabideau G,Tran D,et al. Scheduling science campaigns for the rosetta mission:a preliminary report[C]. International Workshop on Planning and Scheduling for Space. Moffett Field:AAAI,2013:1-8.

[89] Teston F,Creasey R,Bermyn J,et al. Proba:ESA's Autonomy and technology demonstration

[89] mission[C]. 13th AIAA/USU Conference on Small Satellites. North Logan: AIAA, 1999: 1-11.

[90] Bermyn J. Proba-project for on-board autonomy[J]. Air & Space Europe, 2000, 2(1): 70-76.

[91] Damiani S, Verfaillie G, Charmeau M C. A continuous anytime planning module for an autonomous earth watching satellite[C]. International Conference on Automated Planning and Scheduling. Monterey: AAAI, 2005: 19-28.

[92] Verfaillie G, Charmeau M C. A generic modular architecture for the control of an autonomous spacecraft[C]. 5th International Workshop on Planning and Scheduling for Space. Baltimore: AAAI, 2006: 1-9.

[93] Maillard A, Pralet C. Ground and onboard decision-making on satellite data downloads [C]. International Conference on Automated Planning and Scheduling. Jerusalem: AAAI, 2015: 273-181.

[94] Verfaillie A M, Pralet C. Postponing decision-making to deal with resource uncertainty on earth-observation satellites[C]. 9th International Workshop on Planning and Scheduling for Space. Buenos Aires: AAAI, 2015: 1-8.

[95] Pralet C, Verfaillie G. Decision upon observations and data downloads by an autonomous Earth surveillance satellite[C]. 9th International Symposium on Artificial Intelligence, Robotics, and Automation in Space. Hollywood: AIAA, 2008: 1-8.

[96] Wille B, Worle M T, Lenzen C. VAMOS-Verification of autonomous mission planning on-board a spacecraft[C]. 19th IFAC Symposium on Automatic Control in Aerospace. Wurzburg: Science Direct, 2013: 382-387.

[97] Li C, Causmaecker P D, Chen Y W. Data-driven onboard scheduling for an autonomous observation satellite[C]. Twenty-Seventh International Joint Conference on Artificial Intelligence. Stockholm: Morgan Kaufmann, 2018: 5773-5774.

[98] 刘晓丽,杨斌,高朝晖,等. 遥感卫星滚动式动态任务规划技术[J]. 无线电工程, 2017, 47(09): 68-72.

[99] 陈英武,邢立宁,等. 面向动态环境的成像卫星自主任务规划方法[P]. 中国专利: 105095643, 2015-11-25.

[100] 贺川,邱涤珊,等. 基于滚动优化策略的成像侦察卫星应急调度方法[J]. 系统工程理论与实践, 2013, 33(10): 2685-2694.

[101] 习婷,李菊芳. 面向动态需求的成像卫星滚动式重调度方法研究[J]. 中国管理科学, 2015, 11(23): 269-274.

[102] 刘嵩,陈英武,邢立宁,等. 敏捷成像卫星自主任务规划方法[J]. 计算机集成制造系统, 2016, 4(22): 928-934.

[103] Li G L,Xing L,Chen Y. A hybrid online scheduling mechanism with revision and progressive techniques for autonomous Earth observation satellite[J]. Acta Astronautica,2017,140:308-321.

[104] He L,Liu X L,Chen Y W,et al. Hierarchical scheduling for real-time agile satellite task scheduling in a dynamic environment[J]. Advances in Space Research,2018,63(2):897-912.

[105] 陈浩,李军,景宁,等. 电磁探测卫星星上自主规划模型及优化算法[J]. 航空学报,2010,31(5):1045-1053.

[106] Chu X G,Chen Y,Tan Y. An anytime branch and bound algorithm for agile earth observation satellite onboard scheduling[J]. Advances in Space Research,2017,60(9):2077-2090.

[107] 王辰. 基于案例学习的卫星观测任务规划方法研究[D]. 长沙:国防科技大学,2016.

[108] Wang H J,Yang Z,Zhou W G,et al. Online scheduling of image satellites based on neural networks and deep reinforcement learning[J]. Chinese Journal of Aeronautics,2019,32(4):1011-1019.

[109] Peng S,Chen H,Du C,et al. Onboard observation task planning for an autonomous earth observation satellite using long short-term memory[J]. IEEE Access,2018,(6):65118-65129.

[110] Barbulescu L,Howe A,Whitley D. AFSCN scheduling:how the problem and solution have evolved[J]. Mathematical and Computer Modelling,2006,43(9):1023-1037.

[111] Clement B J,Johnston M D. The deep space network scheduling problem[C]. In the Proceedings of the 17th Innovative Applications of Artificial Intelligence Conference. Pittsburgh:AAAI,2005:1514-1520.

[112] 金光,武小悦,高卫斌. 基于冲突的卫星地面站系统资源调度与能力分析[J]. 小型微型计算机系统,2007,28(2):310-312.

[113] 吴晓光. 卫星应急观测数传模式决策与传输资源配置方法研究[D]. 长沙:国防科技大学,2013.

[114] Chen H,Zhong Z,Wu J,et al. Multi-satellite data downlink resource scheduling algorithm for incremental observation tasks based on evolutionary computation[C]. IEEE 7th International Conference on Advanced Computational Intelligence. Wuyi Mountain:IEEE,2015:251-256.

[115] Chen H,Zhou Y,Du C,et al. A satellite cluster data transmission scheduling method based on genetic algorithm with rote learning operator[C]. 2016 IEEE Congress on Evolutionary Computation(CEC). IEEE. Vancouver:IEEE,2016:5076-5083.

[116] Chen H,Li L,Zhong Z,et al. Approach for earth observation satellite real-time and playback data transmission scheduling[J]. Journal of Systems Engineering and Electronics,2015,26(5):982-992.

[117] Xhafa F,Herrero X,Barolli A,et al. A hill climbing algorithm for ground station scheduling

[M]. Dordrecht:Springer,2013.

[118] Xhafa F, Herrero X, Barolli A, et al. A simulated annealing algorithm for ground station scheduling problem[C]. 16th International Conference on Network – Based Information Systems. Gwangju:IEEE,2013:24 – 30.

[119] Xhafa F,Herrero X,Barolli A,et al. Evaluation of struggle strategy in Genetic Algorithms for ground stations scheduling problem[J]. Journal of Computer and System Sciences,2013,79 (7):1086 – 1100.

[120] Song Y,Zhang Z,Sun K,et al. A heuristic genetic algorithm for regional targets' small satellite image downlink scheduling problem[J]. International Journal of Aerospace Engineering, 2019.

[121] Du Y,Xing L N,Zhang J,et al. MOEA based memetic algorithms for multi – objective satellite range scheduling problem[J]. Swarm and Evolutionary Computation,2019,50:100576.

[122] Zhang J, Xing L, Peng G, et al. A large – scale multiobjective satellite data transmission scheduling algorithm based on SVM + NSGA – Ⅱ[J]. Swarm and Evolutionary Computation, 2019,50:1 – 10.

[123] Chen H,Zhai B,Wu J,et al. A satellite observation data transmission scheduling algorithm oriented to data topics [J]. International Journal of Aerospace Engineering, 2020 (2020):2180674.

[124] 李云峰. 卫星—地面站接收调度模型及算法研究[D]. 长沙:国防科技大学,2007.

[125] 陈浩. 地表电磁环境探测卫星的资源规划调度方法[D]. 长沙:国防科技大学,2009.

[126] 杜莹. 面向卫星任务规划的专家系统应用技术研究[D]. 长沙:国防科技大学,2008.

[127] MacCormick J. What can be computed?:a practical guide to the theory of computation[M]. Princeton:Princeton University Press,2018.

[128] Bozorg – Haddad O,Solgi M,Loáiciga H A. Meta – heuristic and evolutionary algorithms for engineering optimization[M]. Hoboken:John Wiley & Sons,2017.

[129] Coello C A C. Theoretical and numerical constraint – handling techniques used with evolutionary algorithms:a survey of the state of the art[J]. Comput. Methods in Appl. Mech. Eng, 2002(191):1245 – 1287.

[130] Kolodner J. Case – based reasoning[M]Burlington:Morgan Kaufmann Publishers Inc. ,1993.

[131] Wang J,Zhu X,Yang L T,et al. Towards dynamic real – time scheduling for multiple earth observation satellites[J]. Journal of Computer and System Sciences,2015,81(1):110 – 124.

[132] Kramer L A,Smith S F. Maximizing availability:a commitment heuristic for oversubscribed scheduling problems[C]. Proceedings of the International Conference on Automated Planning and Scheduling. Monterey:AAAI,2005:272 – 280.

[133] 王军民,李菊芳,谭跃进. 有新任务插入的多星动态调度模型与算法研究[J]. 系统仿

真学报,2009,21(12):3522-3527.

[134] Joslin E D,Clements P D. Squeaky wheel optimization[J]. Journal of Artificial Intelligence Research,1999(10):353-373.

[135] 李军. 空天资源对地观测协同任务规划方法[D]. 长沙:国防科技大学,2013.

[136] 陈恺. 遥感卫星分布式任务规划模型与算法研究[D]. 长沙:国防科技大学,2011.

[137] 王冲. 基于 Agent 的对地观测卫星分布式协同任务规划研究[D]. 长沙:国防科技大学,2011.

[138] McCarthy J,Hayes P. Some philosophical problems from the standpoint of artificial intelligence[M]. Edinburgh:Edinburgh University Press,1969.

[139] Wooldridge M,Jennings N. Intelligent agents:theory and practice[J]. The Knowledge Engineering Review,1995,10(2):115-152.

[140] Debugging M. Multi-agent system[J]. Information and Software Technology,1995,37(2):102-112.

[141] 史忠植. 高级人工智能[M]. 北京:科学出版社,1998.

[142] 张正强. 基于多 Agent 系统的分布式成像卫星系统任务规划与控制问题研究[D]. 长沙:国防科技大学,2006.

[143] Minsky M,Riecken D. A conversation with marvin minsky about agent[J]. Communication of the ACM,1994,37(7):23-29.

[144] Simon H A. Models of bounded rationality[M]. London:MIT Press,1982.

[145] Minsky M. The society of mind[M]. New York:Simon & Schuster,1985.

[146] Schetter T,Campbell M,Surka D. Multiple agent-based autonomy for satellite constellations[J]. Artificial Intelligence,2003(145):147-180.

[147] Smith G,Davis R. Frameworks for cooperation in distributed problem solving[J]. IEEE Transactions on Systems,Man and Cybernetics,1981,11(1):61-70.

[148] 肖正,吴承荣,张世永. 多 Agent 系统合作与协调机制研究综述[J]. 计算机科学,2007,34(5):139-143.

[149] 陈浩,景宁,李军,等. 基于外包合同网的自治电磁探测卫星群任务规划[J]. 宇航学报,2009,30(06):2285-2291.

[150] Merton R K. The matthew effect in science[J]. Science,1968,159(3810):56-63.

[151] Merton R K. The matthew effect in science,Ⅱ:cumulative advantage and the symbolism of intellectual property[J]. ISIS,1988,79(4):606-623.

[152] Badawy R,Hirsch B,Albayrak S. Agent-based coordination techniques for matching supply and demand in energy networks[J]. Integrated Computer Aided Engineering,2010,17(4):373-382.

[153] 冯棚. 基于 VMOC 的多星任务规划和方案融合关键技术研究[D]. 长沙:国防科技大

学,2015.

[154] 姚莉,张维明,等. 智能协作信息技术[M]. 北京:电子工业出版社,2002.

[155] 贲可荣,张彦铎. 人工智能[M]. 北京:清华大学出版社,2006.

[156] Chien S,Cichy B,Jones J,et al. An autonomous earth – observing sensorweb[J]. IEEE Intelligent Systems,2005,20(3):16 – 24.

[157] 刘嵩. 集成任务和动作的敏捷对地观测卫星自主规划方法研究[D]. 长沙:国防科技大学,2017.

[158] 胡伟武. 自主 CPU 发展道路及在航天领域应用[J]. 上海航天,2019,36(01):1 – 9.

[159] Haddad N F,Brown R D,Ferguson R,et al. Second generation(200MHz)RAD750 microprocessor radiation evaluation[C]. European Conference on Radiation & Its Effects on Components & Systems. Seville:IEEE,2012:877 – 880.

[160] Guerriero F,Musmanno R. Label correcting methods to solve multicriteria shortest path problems[J]. Journal of Opimization Theroy and Applications,2001,111(3):589 – 613.

[161] Matthias H,Karsten W. Pareto shortest path is often feasible in practice[C]. In the Proceedings of the 5th International workshop of Algorithm Engineering. Heidelberg:Sprzbger,2001.

[162] 周志华. 机器学习[M]. 北京:清华大学出版社,2016.

[163] Wolpert D H. Stacked generalization[J]. Neural Networks,1992,5(2):241 – 259.

[164] Lecun Y,Bengio Y,Hinton G. Deep learning[J]. Nature,2015,521(7553):436 – 444.

[165] 张军阳,王慧丽,郭阳,等. 深度学习相关研究综述[J]. 计算机应用研究,2018,35(07):1921 – 1928 + 1936.

[166] Schmidhuber,J. Deep learning in neural networks:an overview[J]. Neural Networks,2015,61:85 – 117.

[167] Goodfellow I,Bengio Y,Courville A. Deep learning[M]. London:MIT Press,2016.

[168] Jin K H,Mccann M T,Froustey E,et al. Deep convolutional neural network for inverse problems in imaging[J]. IEEE Transactions on Image Processing,2017,26(9):4509 – 4522.

[169] Zhang H,Ying L,Zhang Y,et al. Spectral – spatial classification of hyperspectral imagery using a dual – channel convolutional neural network[J]. Remote Sensing Letters,2017,8(5):438 – 447.

[170] Feng W,Guan N,Li Y,et al. Audio visual speech recognition with multimodal recurrent neural networks[C]. 2017 International Joint Conference on Neural Networks. Anchorage:IEEE,2017:681 – 688.

[171] Hayashi Y,Yanagimoto H. Title generation with recurrent neural network[C]. 5th IIAI International Congress on Advanced Applied Informatics,Kumamoto. Japan:IEEE,2016:250 – 255.

[172] Hochreiter S,Schmidhuber J. Long short – term memory[J]. Neural Computation,1997,9(8):1735 – 1780.

[173] Kingma D P,Ba J L. Adam:A method for stochastic optimization[C]. International Conference on Learning Representations. San Diego:ICLR,2015:1 – 13.

[174] Fukunaga A,Rabideau G,Chien S,et al. Aspen:a framework for automated planning and scheduling of spacecraft control and operations[C]. Proc. International Symposium on AI,Robotics and Automation in Space. Tokyo:AIAA,1997:181 – 187.

[175] Kianzad V,Bhattacharyya S S,Qu G. CASPER:an integrated energy – driven approach for task graph scheduling on distributed embedded systems[C]. 2005 IEEE International Conference on Application – Specific Systems,Architecture Processors (ASAP'05). Samos:IEEE,2005:191 – 197.

[176] Arentoft M M,Parrod Y,Stader J,et al. Optimum – aiv:a planning and scheduling system for spacecraft aiv[J]. Telematics and Informatics,1991,8(4):239 – 252.

[177] Damiani S,Dreihahn H,Noll J,et al. A planning and scheduling system to allocate ESA ground station network services[C]. The Int'l Conference on Automated Planning and Scheduling. Providence:AAAI,2007.

[178] Xhafa F,Herrero X,Barolli A,et al. Using STK toolkit for evaluating a GA base algorithm for ground station scheduling[C]//2013 Seventh International Conference on Complex,Intelligent,and Software Intensive Systems. Taichung:IEEE,2013:265 – 273.

[179] 张弛. 鲁棒性资源调度方法及其在卫星任务规划中的应用[D]. 长沙:国防科技大学,2010.

[180] 彭双. 多星应急观测协同规划及动作序列优化调整方法[D]. 长沙:国防科技大学,2014.

[181] 冯栅. 基于VMOC的多星任务规划与方案融合关键技术研究[D]. 长沙:国防科技大学,2015.

内 容 简 介

本书以卫星运行控制中心实际需求为牵引,对卫星任务规划技术的发展状况进行分析,综述国内外研究现状,分别从确定性条件和动态条件两种场景,以及地面集中式规划、地面分布式规划和星上自主规划三个维度对对地观测卫星任务规划技术的典型模型、算法和系统进行了梳理、介绍和展望。

本书适用于从事航天任务规划调度的工程技术人员、硕士研究生、博士研究生及学者阅读。

Based on the actual needs of the Earth Observation Satellite(EOS)operation control center,this book analyzes and introduces the development of EOS task scheduling technology. Firstly,the state – of – the – art of this research and engineering field is summarized. Secondly,for both deterministic scenarios and dynamic scenarios,typical models,algorithms and systems in centralized task scheduling technology,distributed task scheduling technology and onboard autonomous task scheduling technology are discussed in detail. Finally,we summarize and make an outlook to the future promising technologies on EOS task planning and scheduling.

This book is suitable for engineers,master students,doctoral students and scholars engaged in aerospace task planning and scheduling.